普通高等教育工程机械教材

Gongcheng Zhuangbei Shuzhi Fangzhen yu Yingyong
工程装备数值仿真与应用

耿 麒　徐中新　主编

人民交通出版社

北京

内 容 提 要

本教材主要介绍公路、桥梁、隧道工程装备与工程材料相互作用典型物理过程的数值仿真技术和应用案例,重点介绍有限元和离散元仿真技术、典型土木工程材料特性、典型工程装备作业过程仿真案例。

本教材分三篇,共十二章。第一篇是绪论,主要介绍数值仿真技术发展、典型土木工程材料和工程装备数值仿真方法。第二篇是公路工程装备数值仿真,聚焦公路施工过程中从原材料制备、施工到养护过程中的关键核心装备与作业过程,每一章均以具体仿真案例为主线。第三篇是桥隧工程装备数值仿真,进行了梁和管片结构体受力分析,介绍了隧道掘进机破岩出碴过程的相关案例。

本书可作为高校机械工程、路桥隧工程和土木工程等专业教材,同时也可供相关行业的科研和生产单位的工程技术人员参考。

图书在版编目(CIP)数据

工程装备数值仿真与应用/耿麒,徐中新主编.
北京:人民交通出版社股份有限公司,2024.11.
ISBN 978-7-114-19722-2
Ⅰ.TB4-39
中国国家版本馆 CIP 数据核字第 2024ZW0966 号

普通高等教育工程机械教材

书　　名:	工程装备数值仿真与应用
著 作 者:	耿　麒　徐中新
责任编辑:	刘　倩
责任校对:	赵媛媛
责任印制:	刘高彤
出版发行:	人民交通出版社
地　　址:	(100011)北京市朝阳区安定门外外馆斜街3号
网　　址:	http://www.ccpcl.com.cn
销售电话:	(010)85285911
总 经 销:	人民交通出版社发行部
经　　销:	各地新华书店
印　　刷:	北京建宏印刷有限公司
开　　本:	787×1092　1/16
印　　张:	10.25
字　　数:	242 千
版　　次:	2024年11月　第1版
印　　次:	2024年11月　第1次印刷
书　　号:	ISBN 978-7-114-19722-2
定　　价:	45.00元

(有印刷、装订质量问题的图书,由本社负责调换)

前　　言

随着计算机和系统化数值仿真技术水平的提升，在工程装备制造领域，人们采用系统仿真的方式，推演重大装备关键系统结构和运行参数对其性能的影响规律，从而加快关键系统、关键技术的创新和突破。为了适应工程装备制造领域发展对人才培养的需要，长安大学工程机械学院组织编写了本书。

本书针对公路、桥梁、隧道建设过程中，工程装备与工程材料相互作用的典型物理过程，以有限元和离散元仿真为基本方法和技术手段，培养读者使用计算机仿真手段解决特定物理问题的能力。全书分为三篇，共十二章。第一篇，对数值仿真技术发展、典型土木工程材料和工程装备数值仿真方法进行宏观介绍。第二篇，聚焦公路施工过程中从原材料制备、施工到养护的关键核心装备与作业过程，以数值仿真案例建模与分析为基本逻辑，对公路工程装备数值仿真进行介绍。第三篇，聚焦桥隧工程装备数值仿真，对梁和管片结构体进行受力分析，并介绍隧道掘进机破岩和出碴过程的相关案例。

本书可作为高校机械工程、路桥隧工程和土木工程等专业教材，同时也可供相关行业的科研和生产单位的工程技术人员参考。

本书由长安大学工程机械学院副教授耿麒、讲师徐中新担任主编。编写组成员(分工)如下：副教授耿麒编写第三章第一节、第四章、第五章、第六章、第九章、第十一章、第十二章，讲师徐中新编写第一章、第二章第一节和第四节、第三章第二节、第七章，副教授张志峰编写第八章，讲师汪学斌编写第十章，高级工程师董武编写第二章第二节，讲师李旋编写第二章第三节。全书由副教授耿麒统稿。硕士生路宇峰、马茂勋、卢智勇、张兴宇、张俊杰、靳心雨、杨沐霖、王慧强参与了数值建模与分析。

本书得到了2021年度陕西本科和高等继续教育教学改革研究项目"服务终身教育的机械类专业数值仿真类课程教学体系建设与实践"(项目编号：21JZ003)的资助，并得到长安大学工程机械学院、中铁工程装备集团有限公司、徐州徐工施维英机械有限公司、中铁第一勘察设计院集团有限公司等多家单位的支持与帮助，在此一并表示衷心感谢！

由于编者水平有限，书中定有不足之处，恳望广大读者指正。

编　者

2024年3月

目 录

第一篇 绪 论

第一章 数值仿真技术概述 2
 第一节 数值仿真技术的基本概念 2
 第二节 数值仿真技术发展历史与现状 2
 第三节 数值仿真技术的发展趋势 6

第二章 典型土木工程材料 8
 第一节 岩石 8
 第二节 水泥混凝土 12
 第三节 沥青混合料 14
 第四节 土与土石混合体 18

第三章 工程装备数值仿真方法 26
 第一节 有限元方法 26
 第二节 离散元方法 28
 思考题 32

第二篇 公路工程装备数值仿真

第四章 路面/岩土材料标准受载破坏试验数值仿真 34
 第一节 单轴压缩试验的数值仿真 34
 第二节 巴西劈裂试验的数值仿真 40
 思考题 45

第五章 石料破碎和筛分设备作业过程数值仿真 46
 第一节 石料破碎和筛分设备基本结构及工作原理 46
 第二节 石料破碎过程数值仿真 51
 第三节 石料筛分过程数值仿真 57
 思考题 61

第六章 水泥混凝土搅拌设备作业过程数值仿真 62
 第一节 混凝土搅拌机类型、特点及工作原理 62
 第二节 双卧轴混凝土搅拌机搅拌过程数值仿真 64
 思考题 70

第七章 沥青混合料摊铺设备作业过程数值仿真 …… 71
　第一节 摊铺机的功能、总体结构和工作原理 …… 71
　第二节 EDEM 模拟沥青混合料的可行性分析 …… 73
　第三节 基于 EDEM 的沥青混合料摊铺过程仿真分析 …… 75
　思考题 …… 83

第八章 压实设备作业过程数值仿真 …… 84
　第一节 振动压路机用途、构造及工作原理 …… 84
　第二节 土壤振动压实过程数值仿真 …… 85
　思考题 …… 95

第九章 典型土方机械作业过程数值仿真 …… 96
　第一节 挖掘机用途、分类、构造及工作原理 …… 96
　第二节 挖掘机作业过程数值模型构建 …… 98
　第三节 挖掘机作业过程数值仿真结果分析 …… 101
　思考题 …… 103

第十章 沥青路面铣刨过程数值仿真 …… 104
　第一节 沥青路面铣削设备作业装置结构及基本理论 …… 104
　第二节 基于有限元软件 ABAQUS 的铣刨过程数值模型构建 …… 109
　思考题 …… 117

第三篇 桥隧工程装备数值仿真

第十一章 TBM 破岩和出碴过程数值仿真 …… 120
　第一节 TBM 类型、核心部件与工作原理 …… 120
　第二节 滚刀破岩过程数值模型构建 …… 123
　第三节 滚刀破岩仿真结果分析 …… 130
　第四节 TBM 刀盘出碴过程数值模型构建 …… 132
　第五节 TBM 刀盘出碴仿真结果分析 …… 135
　思考题 …… 138

第十二章 钢筋混凝土构件受载过程数值仿真 …… 139
　第一节 钢筋混凝土梁体受载过程数值建模与分析 …… 139
　第二节 钢筋混凝土管片数值模型构建 …… 150
　思考题 …… 157

参考文献 …… 158

第一篇

绪论

交通强国建设是国家发展的重要战略，关系国家经济、社会和人民生活的方方面面。在公路、桥梁、隧道等交通基础设施建设过程中，为提高施工的质量和效率，从原材料的制备到工程建设的各个环节，会用到各种工程装备。以公路建设为例，在级配碎石破碎筛分、混凝土物料搅拌制备、沥青混合料摊铺和压实、旧路面铣刨料回收等诸多环节中，需要用到破碎筛分机、搅拌机、摊铺机、压路机、铣刨机等众多工程装备，这些装备的运转和作业性能，直接影响着工程建设质量。因此，研究工程装备的功能、结构、作业原理和制造工艺，提升工程装备质量和作业性能，对于提升工程建设质量，加快交通强国建设有重要意义。

工程装备制造业是我国制造业的核心领域，数值仿真用于装备运转和作业的虚拟分析，可以替代成本高、周期长的物理试验，加快装备性能改良和结构优化。计算机数值仿真是一种系统试验方法，人类对客观世界的认识越具体、越全面、越深刻，对客观世界的模仿就越准确、越真实。受制于理论水平和试验手段，在国家重大工程装备关键系统的研制方面取得重大突破的难度非常大，而随着计算机和系统化数值仿真技术水平的提升，越来越多的企业和高校转向采用系统化数值仿真的方式，通过构建准确、可靠的重大工程装备关键系统数值模型，推演其结构和运行参数对关键性能的影响规律，从而加快关键系统、关键技术的创新和突破。

本篇主要介绍工程装备数值仿真方面的基础知识，首先介绍数值仿真技术的基本概念、发展历史与现状、发展趋势，然后介绍典型的工程装备作业对象，即常见土木工程材料，最后对常用的工程装备数值仿真方法，即有限元方法和离散元方法进行介绍。

第一章 数值仿真技术概述

第一节 数值仿真技术的基本概念

数值仿真(计算机仿真)技术是一门利用计算机软件模拟实际环境进行科学试验的技术。它具有经济、可靠、实用、安全、灵活、可多次重复使用的优点,已经成为对许多复杂系统(工程的、非工程的)进行分析、设计、试验、评估的必不可少的手段。它是以数学理论为基础,以计算机和各种物理设备为工具,利用系统模型对实际的或设想的系统进行仿真研究的一门综合技术。

系统仿真是指通过系统模型试验去研究一个已经存在的,或者是正在研究设计中的系统的具体过程。要实现系统仿真,首先要寻找一个实际系统的"替身",这个"替身"被称为系统模型。它不是系统原型的复现,而是按研究的侧重面或实际需要对系统进行简化提炼,以利于研究者抓住问题的本质或主要矛盾。在计算机出现以前,人们采用物理仿真技术,那时的仿真技术附属于其他有关学科。随着计算机技术的发展,仿真领域提出了大量的具有共同性的理论、方法和技术,所以逐渐形成了一门独立的学科。计算机仿真就是以计算机和各种物理设备为工具,用仿真理论来研究系统。系统是仿真技术研究的对象,计算机和各种物理设备是进行仿真技术研究所使用的工具。

计算机仿真是20世纪40年代末开始兴起并逐步发展起来的一门新兴学科,随着计算机技术的发展,利用计算机对系统进行仿真越来越受到人们的重视,对系统仿真的理论方法和应用技术的研究也逐步深入。计算机仿真从开始主要应用于航空航天、原子反应堆等造价昂贵、设计和建造周期长、危险性大、难以实现实际系统试验的少数领域,逐步发展到应用于电力系统、石油工业、化工工业、冶金工业、机械制造等一些主要的工业领域,到现在已经进一步扩展应用到社会系统、经济系统、交通运输系统、生态系统等一些非工业领域。随着计算机技术的发展,计算机仿真技术已经成为复杂系统特别是高技术产业系统在论证、设计、生产试验、评价、检测和训练产品时不可缺少的手段,已经成为研究大规模、复杂系统的有力工具,应用范围越来越广,手段越来越先进。

第二节 数值仿真技术发展历史与现状

一、数值仿真技术的发展历史

早期用于科学研究的系统是单输入、单输出系统,由于比较简单,所以常常可以借助理论分析来解决问题,后来发展到多输入、多输出系统,问题就变得复杂了,再后来发展到大系统、巨系统乃至超巨系统,还包括工程和非工程、宏观与微观、生物与非生物、系统与环境、思维与行为的综合系统，当然问题就变得更加复杂了。这时，单纯依靠理论分析和科学试验解决问题已经不可能了。因此，仿真模拟就成了科学研究的途径之一。事实上，早在20世纪40年代仿真试验就已经存在了，风洞试验就是空气动力模拟的典型例证。

从20世纪40年代开始，随着计算机的不断发展，仿真技术也得到了发展。计算机进行算术运算的速度从每秒低于一万次，发展到现在的每秒上百亿次，甚至上千亿次。计算机仿真使用的语言从机器内部使用的汇编语言，发展到高级程序语言及专用的计算机仿真语言。计算机仿真应用的领域也越来越广泛了。

20世纪80年代以后，超级计算机的仿真计算数据、卫星发回的地球资源数据、军事侦察数据、气象数据、海洋和地壳板块数据、地震监测数据、医学扫描图像数据等海量数据的产生与不能有效地处理这些数据的矛盾日益尖锐，而计算机仿真技术可以解决这一矛盾。首先，计算机仿真技术可以高效地处理这些数据；其次，计算机仿真技术丰富了信息交流手段，即科学家之间的信息交流不再局限于文字和语言，而是可直接采用图形、图像、动画等可视信息；最后，计算机仿真技术提供的参数最优化技术使科学家能够及时发现计算过程中的问题，并动态调整计算过程。

计算机仿真技术的形成满足推动工业发展、提高工业竞争能力的需要。历史已经证明，推动工业发展的原动力是基础科学研究，科学上的新发现将促进新的工业革命，而促进基础科学研究发展的重要手段之一是提供先进的科学计算工具（硬件和软件）。先进的科学计算工具同时也是促进当代工业发展的新动力，例如无图纸设计、虚拟样机技术等对缩短产品设计周期、提高产品质量、降低成本有十分重要的作用。计算机仿真技术是先进的科学计算工具的重要组成部分，因此，世界各国都十分重视计算机仿真技术的研究。

国际上，仿真技术在高科技中的地位日益提高。1992年，仿真技术在美国提出的22项国家关键技术中，被列为第16项；在21项国防关键技术中，被列为第6项。计算机仿真在国防上已得到了成功的应用，扩展防空仿真系统（extended air defense simulation，EADSIM）在海湾战争中得到验证，在科索沃战争中呈现出信息化、智能化、一体化的发展新趋势，进一步表明了计算机仿真的重要性。近年来，美国在总结成功经验的基础上，更加重视仿真，已将"合成仿真环境"作为推动国防科技发展的七大领域之一。所谓"合成仿真环境"，就是在广泛采用数字化信息系统（digital information system，DIS）及相关的计算机技术（如灵境技术）的基础上，创造一种进行武器系统研究和训练的人工合成环境，在新武器系统研制过程中，用仿真试验（虚拟样机）代替实际样机试验，使新技术、新概念、新方案在虚拟战场条件下得到反复演示验证和分析比较，从而确定最佳方案，选择最佳技术路线。在此过程中，武器研制部门与武器的未来使用部门通过联网加强早期合作，即用户尽早介入"国防发展战略"，使新武器装备更符合军方的要求，并可以提前制订作战使用方案，比原先的实际样机方案更省时、省力，大大节约经费。

我国计算机仿真技术的研究与应用起步较早，而且发展迅速。20世纪50年代，我国在自动控制领域首先开始采用仿真技术，面向方程建模和采用模拟计算机的数据仿真获得较普遍的应用，同时我国自行研制的三轴模拟转台自动飞行控制系统的半实物仿真试验已经开始应用于飞机、导弹的研制中。20世纪60年代，我国在开始研究连续系统仿真的同时，对离散事件系统（如交通管理、企业管理）的仿真进行研究。20世纪70年代，我国的训练仿真器获得迅速的发展，自行设计的飞行模拟器、舰艇模拟器、坦克模拟器、火电机组培训仿真系统、化工过程培训仿真系统、机车培训仿真器、汽车模拟器等相继研制成功,并形成一定的市场规模,在相应领域操作人员的培训中起了很大的作用。20世纪80年代,我国建设了一批水平高、规模大的半实物仿真系统,如射频制导导弹半实物仿真系统、红外制导导弹半实物仿真系统、歼击机工程飞行模拟器、歼击机半实物仿真系统、驱逐舰半实物仿真系统等。这些半实物仿真系统在武器型号的研制中发挥了巨大的作用。20世纪90年代,我国开始对分布交互式仿真、虚拟现实等先进的仿真技术及其应用进行研究,开展了较大规模复杂系统的仿真研究,由对单个武器平台的性能仿真发展为对多个武器平台在作战环境下的对抗仿真等。

目前,计算机仿真技术被广泛应用于众多领域,主要有工业制造领域、医疗和生命科学领域、国防和航空航天领域、土木建筑工程领域、气象和能源领域、经济和社会科学领域、虚拟现实和游戏领域等。

二、数值仿真技术的发展现状

计算机与数学科学的相互作用促进了计算机仿真技术的发展,在本质上,数学是计算机的灵魂。而计算机的发展又使数学得到了革命性的发展,其不仅使数学科学应用的范围和能力得到极大的拓展,而且进一步促进了数学科学自身的发展。通过在计算机上进行巨量计算,解决了许多困难的数学问题,发现和推测了新的事实和定理,促进了离散数学等新的数学理论的诞生,把人类的演绎思维机械化,实现了机器证明,开创了自动推理等新领域。

随着计算机仿真技术的发展,对计算机仿真应用又有以下新的需求:①减少模型的开发时间,即从重视编程转向重视建模,包括研究结构化建模的环境与工具,建立模型库及模型开发的专家系统;②改进精度,包括改进模型建立的精度和试验的精度,比如,研究模型结构特征化的新方法——模式识别法和人工智能法、连续动力学系统的数值解法、随机数产生的方法等;③改进通信,包括人与人之间的通信及人与计算机之间的通信,如研究模型的统一描述形式,图形输入与动画输出,仿真结果的统计、分析,等等。

针对上述需求,提出了以下6个计算机仿真技术的发展方向。

1. 提升建模技术

采用模块化、结构化建模技术,根据实际系统的组成,对系统进行分解,抽象出它们的基本成分及组合关系,确定各种基本成分及其连接的描述形式,并开发一种非过程编程语言(模型描述语言),根据应用领域的不同,建立相应的模型库,并使它们与模型试验有机地结合起来。采用这种技术不仅可以使仿真软件直接面向工程师,而且能大大缩短建模的时间。

采用图形建模技术,利用鼠标器在计算机屏幕上将模型库中已有的系统元件拼合成系统的模型;利用数字化仪将系统图形输入计算机中;利用图形扫描仪将系统图形读到计算机中;通过网络将由CAD软件生成的系统图形传给计算机仿真软件(需要有一个共同的图形转换标准)。

利用专家系统来确定系统模型的特征(模型的形式、是线性还是非线性、阶次);开发一个自然语言接口来辅助用户建模;开发一个智能接口,通过对话获得有关系统的知识,然后直接生成仿真模型等。

2. 一体化仿真

根据仿真的基本概念,可以认为仿真是一种基于模型的活动,即建立模型,对模型进行试验(行为产生),对试验所产生的模型行为进行分析处理,修改模型,再进行试验、分析等,不断反复。因此,仿真的全过程涉及很多的功能软件,且各个功能软件之间存在着密切的信息联系。为了提高仿真效率,必须将它们集成起来,即开发一体化的仿真环境,这是20世纪80年代后期仿真软件的一个发展趋势。根据一体化的程度,可以将仿真分为三个层次:①不同功能软件通过一个管理软件的数据转换接口实现一体化;②重新划分功能块,建立模型库、参数库、试验框架库,然后通过数据库实现一体化;③在仿真操作系统的支持下,实现对仿真关联资源的有效管理,并支持这些资源的匹配与运行,实现整个仿真软件系统的高度一体化。

3. 建立计算机仿真数据库

计算机仿真数据库是实现一体化仿真的关键技术之一。计算机仿真中涉及的数据比较复杂,除一般的结构化数据外,还有大量的非结构化数据,如图形(流程图、肖像图及表达式图形)、模型、算法、试验框架等。因此,现在比较流行的关系数据库并不十分适合这样的应用环境。通常它只能管理模型目录、算法目录,而模型与算法本身仍另外存放,这就很难保证数据的一致性。另外,关系数据库查询比较慢。因此,开发一个面向计算机仿真的数据库管理系统是很有意义的。

4. 采用图形图像技术

图形图像技术在计算机仿真中的重要性越来越凸显。图形图像技术在计算机仿真中的应用主要反映在两个方面:辅助建模、显示仿真结果(实验过程中或实验后)。其中动画在实验过程中显示系统的活动及其特征,是非常重要的。动画一般要与图形建模相配合,并保持一致,另外,还要处理好动画与仿真钟的匹配关系。

5. 计算机仿真结果分析到建模的自动反馈

目前,绝大多数计算机仿真软件或仿真器都不能提供仿真结果分析到建模的自动反馈,而是由用户自己根据仿真结果做出决策,并修改模型。少数情况,如连续系统仿真,当系统目标能写成函数形式,修改模型仅限于模型中部分参数或结果时,系统可自动完成从仿真结果分析到建模的反馈。当前研究的重点是离散时间系统如何实现自动反馈,专家系统可能是解决这一问题的途径之一。

6. 基于信息处理的计算机仿真

在传统的计算机仿真软件中,模型最终将用一段程序代码来表示,执行仿真试验则是将这一段程序代码与其他代码(如算法)连接起来,并加以执行。而在基于信息处理的计算机仿真中,模型以信息链的形式表示,并被存储于计算机仿真数据库中,再进行计算机仿真。首先根据仿真试验的要求选取各种所需要的建模元件,并在主存中重新构造一个数据库的子集;然后跟踪在数据库中定义的信息关系以便控制它们;最后将计算机仿真结果存放回数据库。

另外,计算机仿真软件的开发环境也在不断地发展,双处理器、四处理器的工作站和个人计算机(PC)已开始投入使用,可以预见,在未来几年内,基于共享存储器的并行计算机将成为普及型机种。在并行软件的开发环境中,并行语言是用户与复杂的并行机之间的重要接口,具有使用方便且运行高效的特点。典型的高性能语言有高性能 Fortran(HPF)、高性能 C++(HPC++)和 TreadMarks。随着计算机网络的进步,将 Internet 和 Web 转变成功能强大的元计算系统(metacomputing system)和工具的条件已经成熟。当前的计算机仿真技术系统采用的显示设备仍以个人使用的 CRT(阴极射线管)光栅扫描显示器为主,近年来随着虚拟环境技术日益成熟,投影式显示器越来越引起人们的兴趣。投影式显示器通常具有屏幕大和沉浸式体验的特点,从而允许多人介入,并给予人身临其境的感觉。因此,很多高档的计算机仿真应用系统已经采用投影式显示器,以得到更加逼真的效果。

第三节 数值仿真技术的发展趋势

1. 各类计算机仿真技术发展

(1)分布式计算机仿真技术。

分布式计算机仿真技术,是应用分布式计算环境进行并行计算,以实现实时显示的重要手段。这里所指的分布式计算环境由联网的异构机组成,包括高性能的对称式多处理机(symmetric multiprocessor,SMP)和分布式共享存储器(distributed shared memory,DSM)、工作站/PC 集群系统,与高性能图形处理机集成在一起构成实时的计算机仿真计算环境。目前的困难在于,缺乏高效的、使用方便的并行软件开发工具和分布式软件开发工具。

(2)协同式计算机仿真技术。

随着高速主干网投入使用,采用多媒体技术支持下的计算机支持协同工作(computer supported cooperative work,CSCW)技术可以达到快捷、高效协同工作的目的。事实上,要真正做到方便地协同工作,还有许多困难要克服,例如:如果要求不同研究组的成员之间在空间上和时间上做到应用共享、上下文共享,则要求用户能记录结论及交互操作的历史,并对虚拟表示和行为做出评价等。

(3)沉浸式计算机仿真技术。

计算机仿真技术采用传统上虚拟环境专用投影式和沉浸式显示设备,标志着这两个研究方向融合的发展趋势。沉浸式显示设备能使用户获得临场感,更有利于用户获得对数据的直观感受,有助于结果分析。传统上,沉浸式显示设备特别是洞穴式自动虚拟环境(cave automatic virtual environment,CAVE)的设备价格高,对计算机图形绘制性能的要求也高,因而无法普及。随着虚拟环境技术的发展和高性能计算机软硬件平台的发展,人们将越来越愿意采用沉浸式显示设备。

(4)基于虚拟环境技术的计算机仿真技术。

网络经济、网络时代、互联网络正在造就有史以来最为奇特的人文景观,信息共享正在把地球变成一个小小的村落。什么是信息社会的未来?那就是虚拟环境和网络。分布式虚拟环境(distributed virtual environment, DVE)就是把这两项技术结合在一起,在一组网络互联的计算机上同时运行虚拟环境系统技术。在 21 世纪,基于虚拟环境技术的计算机仿真技术将会得到普及。

2. 计算机仿真理论、仿真技术、仿真对象三者有机地结合在一起

目前,从事计算机仿真技术研究的人员主要由三部分组成:第一部分是从事自动控制与应用数学研究的人员,第二部分是从事计算机技术研究的人员,第三部分是从事仿真对象(应用专业)研究的人员。实际上很多科研人员肩负着三副重担。只有注重将计算机仿真理

论、仿真技术、仿真对象三者有机结合，相互渗透，才会使应用数学中的相似理论、同态理论更加丰富，计算机仿真的软硬件更加先进，各种各样的仿真对象的仿真模型更加逼真。

3. 计算机科学技术与通信科学技术紧密融合、相互渗透，大大加快人类社会信息化进程

随着世界各国信息基础设施的建设与发展，计算机科学技术与通信科学技术更加紧密融合、相互渗透，全球性的计算机联网促进了信息资源的开发利用。计算机进入千家万户，已经成为人类工作和生活的必需品。计算机科学技术成为人类必须学习的基础知识。特别是计算机网络技术、多媒体技术、虚拟现实技术、面向对象技术、并行处理技术，以及分布式处理与集群式处理技术的有机结合与综合应用，展示出计算机与计算机科学技术的宏伟前景，从而，必将大大加快人类社会信息化的进程。在这种背景下，作为计算机应用一个重要分支的计算机仿真技术将得到快速发展。

4. 新型元件、体系结构以及虚拟现实技术的发展，大大提高了计算机仿真系统的性价比，促进了计算机仿真技术的发展

随着纳米微细加工技术趋于成熟，微电子集成器件将得到进一步发展，同时光电子集成器件与生物器件一旦成为现实，计算机的运算速度便可以提高几个数量级。随着冯·诺依曼机的研究与发展，新型计算机体系结构的出现，计算机辅助技术和新型工艺的应用，计算机的性价比大幅度提高，计算机仿真技术将获得长足的发展。

5. 新技术将大大改进计算机仿真软件的性能，突破计算机仿真系统开发中的软件瓶颈

对以智能化、集成化、自动化、并行化、开放化以及自然化为标志的计算机仿真软件的深入研究、开发和利用，使仿真软件的性能迅速改进，而且有可能从根本上解决仿真软件效率低下的问题。结合软件工程实际，探讨软件理论，有可能从理论上弄清软件开发的复杂程度，从而采取有效的措施进行控制，从理论与实践两个方面来突破计算机仿真系统开发中的软件瓶颈。

6. 信息安全保密成为计算机仿真技术领域的重大课题

在全球联网的趋势下，为保证信息资源的共享，计算机系统与网络的互操作性、开放性和标准化将受到高度重视。同时由于计算机进入千家万户，成为人人可以利用的设备，使用的简明化、自然化和信息安全保密将成为计算机仿真技术领域的重大课题。计算机仿真技术已经应用于各行各业，但更多应用于军事部门和国家其他关键部门，因此信息安全保密显得更为重要。

7. 计算机仿真技术产业化

计算机仿真技术的研究开发成果只有通过产业的商品转化进入市场，才能产生价值与经济效益，同时反馈市场需求，促进计算机仿真技术的更大发展。而计算机仿真产业也只有紧密依靠计算机仿真技术提供新思想、新方法、新工艺，才能更新产品，拓宽市场，提升竞争力。两者相辅相成，从而构成整个计算机仿真事业发展的良性循环。

计算机是20世纪40年代人类的伟大创造。半个多世纪以来，计算机、计算机科学技术、计算机产业在世界范围内蓬勃发展，规模空前。它的诞生和发展对人类社会作用巨大，影响深远。计算机仿真技术是计算机应用最活跃的领域之一，必将在21世纪异彩纷呈、绚丽夺目。

第二章　典型土木工程材料

土木工程材料是道路、桥梁和隧道等各类工程建设中所用材料的总称,是关键承载介质,也是工程机械装备施工的主要作业对象。本章介绍四种常见的土木工程材料,即岩石、水泥混凝土、沥青混合料、土与土石混合体,对其概念、种类、基本物理和力学性质进行初步介绍,为后续各类工程装备与工程材料的相互作用数值分析奠定理论基础。

第一节　岩　　石

一、岩石的概念和分类

岩石是组成地壳的基本物质,它是由矿物或岩屑在地质作用下按一定规律凝聚而成的自然地质体。我们通常见到的花岗岩、石灰岩、片麻岩,都是指具有一定成因、一定矿物成分及结构构造的岩石。岩石可由单种矿物组成,例如,纯净的大理岩由方解石组成;而多数的岩石则是由两种以上的矿物组成,例如,花岗岩主要由石英、长石、云母三种矿物组成。按照成因,岩石可分为岩浆岩、沉积岩和变质岩三大类。

岩浆岩是岩浆冷凝而成的岩石。绝大多数的岩浆岩是由结晶矿物组成的,由非结晶矿物组成的岩石是很少的。组成岩浆岩的各种矿物的化学成分和物理性质较为稳定,它们之间的连接是牢固的,因此岩浆岩通常具有较高的力学强度和均质性。

沉积岩是母岩(岩浆岩、变质岩和早已形成的沉积岩)在地表经风化、剥蚀作用产生的物质通过搬运、沉积和固结作用而形成的岩石。沉积岩由颗粒和胶结物组成。颗粒包括各种不同形状和大小的岩屑及不同矿物,常见的胶结物有钙质、硅质、铁质以及泥质等。沉积岩的物理力学特性不仅与矿物和岩屑的成分有关,而且与胶结物的性质有很大的关系,例如,硅质、钙质胶结的沉积岩的强度一般较高,而泥质胶结的和带有一些黏土质胶结的沉积岩,其强度就较低。另外,由于沉积环境的影响,沉积岩具有层理构造,这就使沉积岩沿不同方向表现出不同的力学性能。

变质岩是岩浆岩、沉积岩甚至早已形成的变质岩在地壳中受到高温、高压及化学活动性流体的影响发生变质而形成的岩石。它在矿物成分、结构构造上具有变质过程中所产生的特征,也常常残存母岩的某些特点。因此,它的物理力学性质不仅与母岩的性质有关,而且与变质作用的性质和变质程度有关。

岩石的物理力学指标是在实验室内用一定规格的试件进行试验而测定的。这种岩石试件是由从钻孔中获取的岩芯,或在工程范围内用爆破以及其他方法获得的岩石碎块经加工而制成的,仅仅是自然地质体中的岩石小块,称为岩块。

二、岩石的基本物理性质

1. 岩石重度和密度

单位体积(包括岩石中孔隙体积)岩石质量所受的重力称为重度。岩石重度的表达式为

$$\gamma = \frac{G}{V} \tag{2-1}$$

式中：γ——岩石重度，kN/m^3；
  G——岩样质量所受的重力，kN；
  V——岩样的体积，m^3。

岩石的重度取决于组成岩石的矿物成分、孔隙大小以及含水率。当其他条件相同时，岩石的重度在一定程度上与其埋藏深度有关。一般而言，靠近地表的岩石重度往往较小，而深层的岩石则具有较大的重度。岩石重度的大小，在一定程度上反映出岩石力学性质的优劣，通常岩石重度愈大，其力学性质愈好。

岩石的密度定义为岩石单位体积(包括岩石中孔隙体积)的质量，用 ρ 表示，单位一般为 kg/m^3。它与岩石重度之间存在如下关系：

$$\gamma = \rho g \tag{2-2}$$

式中：g——重力加速度，m/s^2。

2. 岩石相对密度

岩石的相对密度就是岩石的干重量(即干质量岩石所受重力)除以岩石的实体积(不包括岩石中孔隙体积)所得的量与1个大气压下4℃时纯水的重度的比值，可由下式计算：

$$\rho_s = \frac{G_s}{V_s \gamma_w} \tag{2-3}$$

式中：ρ_s——岩石的相对密度；
  G_s——岩石的干重量，kN；
  V_s——岩石的实体部分(不包括孔隙)的体积，m^3；
  γ_w——1个大气压下4℃时纯水的重度，kN/m^3。

岩石的相对密度取决于组成岩石的矿物的相对密度，岩石中重矿物含量越高，其相对密度越大。大部分岩石的相对密度在 2.50~2.80 之间。

3. 岩石孔隙率和孔隙比

岩样孔隙体积与岩样总体积的百分比称为孔隙率，可用下式表示：

$$n = \frac{V_v}{V} \times 100\% \tag{2-4}$$

式中：n——孔隙率，以百分数表示；
  V_v——岩样的孔隙体积，m^3；
  V——岩样的总体积，m^3。

孔隙率分为开口孔隙率和封闭孔隙率，两者之和称孔隙率。由于岩石的孔隙主要由岩石内颗粒间的孔隙和细微裂隙构成，所以孔隙率是反映岩石致密程度和岩石力学性能的重

要参数。孔隙率越大,岩石中的孔隙和裂隙就越多,岩石的力学性能就越差。

孔隙比是指岩样孔隙的体积 V_v 与岩样固体的体积 V_s 的比值。其公式为

$$e = \frac{V_v}{V_s} \tag{2-5}$$

根据岩样中三相体的相互关系,孔隙比 e 与孔隙率 n 存在着如下关系:

$$e = \frac{n}{1-n} \tag{2-6}$$

4. 岩石含水率、吸水率和饱和吸水率

岩石中水的质量 m_w 与岩石中固体颗粒质量 m_s 比值的百分数称为岩石含水率,即

$$w = \frac{m_w}{m_s} \times 100\% \tag{2-7}$$

岩石吸水率是指岩石在大气压力和室温条件下吸入水的质量 m_{w1} 与岩石中固体颗粒质量 m_s 之比的百分数,一般以 w_a 表示,即

$$w_a = \frac{m_{w1}}{m_s} \times 100\% = \frac{m_0 - m_s}{m_s} \times 100\% \tag{2-8}$$

式中:m_0——岩样浸水 48h 后的质量。

岩石吸水率的大小取决于岩石中孔隙数量、孔隙和细微裂隙的连通情况。一般地,孔隙越大、越多,孔隙和细微裂隙连通情况越好,则岩石的吸水率越大,岩石的力学性能越差。

岩石饱和吸水率是在强制条件(真空、煮沸或高压)下,岩样吸入水的最大质量与岩样中固体颗粒质量比值的百分数,以 w_{sa} 表示,即

$$w_{sa} = \frac{m_p - m_s}{m_s} \times 100\% \tag{2-9}$$

式中:m_p——岩样强制饱和后的质量,其余变量物理意义同前。

在高压条件下,通常认为水能进入岩样中所有敞开的裂隙和孔隙中。国外采用高压设备使岩样饱和,由于高压设备较为复杂,国内实验室常用真空抽气法或煮沸法使岩样饱和。饱和吸水率反映岩石中张开型裂隙和孔隙的发育情况,对岩石的抗冻性有较大的影响。

5. 岩石的渗透性

岩石的渗透性是指在水压力作用下,岩石的孔隙和裂隙透过水的能力。岩石的渗透性可用渗透系数来衡量。渗透系数反映介质对某种特定流体的渗透能力。因此,对于水在岩石中渗流来说,渗透系数的大小取决于岩石的物理特性和结构特征,例如岩石中孔隙和裂隙的大小、开闭程度以及连通情况等。

6. 岩石的膨胀性

岩石的膨胀性是指岩石浸水后体积增大的性质。某些含黏土矿物(如蒙脱石、水云母及高岭石)成分的软质岩石,经水化作用后在黏土矿物的晶格内部或细分散颗粒的周围生成结合水溶剂腔(水化膜),并且在相邻的颗粒间产生楔劈效应,当楔劈作用力大于结构联结力时,岩石表现出膨胀性。岩石膨胀性可通过室内膨胀性试验来确定。目前国内大多采用土工压缩仪和膨胀仪测定岩石的膨胀性,常见岩石膨胀性试验有岩石自由膨胀率试验、岩石侧向约束膨胀率试验和岩石体积不变条件下的膨胀压力试验。

7. 岩石的崩解性

岩石的崩解性是指岩石与水相互作用时失去黏性并变成完全丧失强度的松散物质的性能。这种现象是由于水化过程削弱了岩石内部的结构联结,常见于可溶盐和黏土质胶结的沉积岩地层中。岩石的崩解性一般用岩石的耐崩解性指数表示,这个指数是指经过干燥和浸水循环后岩石残留质量与其原质量比值的百分数,可以在实验室内通过岩石耐崩解性试验确定。对于极软的岩石及耐崩解性低的岩石,还应综合考虑崩解物的塑性指数、颗粒成分与耐崩解性指数来划分其质量等级。

8. 岩石的软化性

岩石的软化性是指岩石与水相互作用时强度降低的特性。软化作用的机理也是水分子进入粒间隙削弱了粒间联结。岩石的软化性与其矿物成分、粒间联结方式、孔隙率以及细微裂隙发育程度等因素有关。大部分未经风化的结晶岩在水中不易软化,许多沉积岩如黏土岩、泥质砂岩、泥灰岩、蛋白岩以及硅藻岩等则在水中极易软化。

三、岩石的主要力学性质

1. 岩石的变形

岩石受到力的作用会产生变形,弹性变形用弹性模量和泊松比两个指标表示。弹性模量是应力与应变之比,以"帕斯卡"为单位,用符号 Pa 表示。相同受力条件下,岩石的弹性模量越大,变形越小,即弹性模量越大,岩石抵抗变形的能力越强。泊松比是横向应变与纵向应变的比。泊松比越大,表示岩石受力作用后的横向变形越大。

岩石并不是理想的弹性体,表征岩石变形特性的物理量也不是一个常数。通常所提的弹性模量和泊松比,只是在一定条件下的平均值。

2. 岩石的强度

岩石的强度是岩石抵抗外力破坏的能力,也以"帕斯卡"为单位,用符号 Pa 表示。岩石受力作用发生破坏,表现为压碎、拉断和剪切等,故有抗压强度、抗拉强度和抗剪强度等。

①抗压强度。抗压强度是岩石在单向压力作用下抵抗压碎破坏的能力,是岩石最基本、最常用的力学指标。在数值上等于岩石受压破坏时的极限应力。抗压强度主要与岩石的结构、构造、风化程度和含水情况等有关,也受岩石的矿物成分和生成条件的影响。所以,不同岩石的抗压强度相差很大,胶结不良的砾岩和软弱页岩的抗压强度小于20MPa,坚硬岩浆岩的抗压强度大于245MPa。

②抗拉强度。抗拉强度是岩石抵抗拉伸破坏的能力,在数值上等于岩石单向拉伸破坏时的最大张应力。岩石的抗拉强度远小于抗压强度,故当岩层受到挤压形成褶皱时,常在弯曲变形较大的部位受拉破坏,产生张性裂隙。

③抗剪强度。抗剪强度是指岩石抵抗剪切破坏的能力,在数值上等于岩石受剪破坏时的极限剪应力。在一定压应力下岩石剪断时,剪破面上的最大剪应力称为抗剪断强度,其值一般都比较高。抗剪强度是沿岩石裂隙或软弱面等发生剪切滑动时的指标,其值远远低于抗剪断强度。

三项强度中,岩石的抗压强度最大,抗剪强度居中,抗拉强度最小。抗剪强度约为抗压强度的 10%~40%，抗拉强度仅是抗压强度的 2%~16%。岩石越坚硬，三项强度相差越大。岩石的抗压强度和抗剪强度，是评价岩石（岩体）稳定性的主要指标，是对岩石（岩体）的稳定性进行定量分析的依据之一。

第二节　水泥混凝土

一、水泥混凝土的概念和组成

1. 水泥混凝土的概念

混凝土，简称为"砼（tóng）"，是由胶凝材料将集料胶结成整体的工程复合材料的统称。通常讲的"混凝土"是指用水泥作胶凝材料，砂、石作集料，与水（可含外加剂和掺合料）按一定比例配制，经搅拌均匀而得的水泥混凝土，也称普通混凝土，它广泛应用于土木工程，是当代最主要的土木工程材料之一。

2. 水泥混凝土的组成

普通混凝土是由水泥、粗集料（碎石或卵石）、细集料（砂）、外加剂和水拌和，经硬化而成的一种人造石材，硬化后的混凝土剖面见图 2-1。砂、石在混凝土中起骨架作用，并抑制水泥的收缩；水泥和水形成水泥浆，包裹在粗、细集料表面并填充集料间的空隙，水泥浆在硬化前起润滑作用，使混凝土拌合物具有良好的工作性能，硬化后将集料胶结在一起，形成坚强的整体。

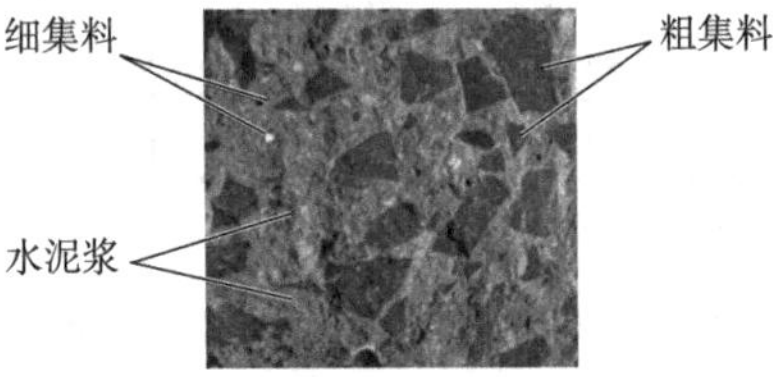

图 2-1　硬化后的混凝土剖面

粒径大于 4.75mm 的集料称为粗集料，俗称石子，按粒径分为小石（5~20mm）、中石（20~40mm）、大石（40~80mm）、特大石（80~150mm），它们依次称为一、二、三、四级配。粒径在 4.75mm 以下的集料称为细集料，俗称砂，砂按产源分为天然砂、人工砂两类。外加剂是混凝土拌和前或拌和过程中掺入的改善混凝土性能的物质，其按主要功能分为改善混凝土拌合物流变性能的减水剂、引气剂和泵送剂，调节混凝土凝结时间、硬化性能的缓凝剂、早强剂和速凝剂，改善混凝土耐久性的引气剂、防水剂和阻锈剂，改善混凝土其他性能的加气剂、膨胀剂、着色剂、防冻剂、防水剂和泵送剂等。在实际生产过程中，根据不同的应用场景灵活选择不同的粗集料级配组合、细集料、胶凝材料以及外加剂来制备不同用途的混凝土。

二、水泥混凝土的主要技术性质

水泥混凝土是一种理想的土木工程建设用材料，新拌混凝土同时具有满足输送和浇捣要求的流动性、不因外力作用产生脆断的可塑性、不易分层和泌水的稳定性、易于浇捣密致的密实性，易于大规模机械化施工。养护成型后的硬化混凝土还具有理想的结构强度、良好的抗变形能力和耐久性。

1. 新拌混凝土的主要技术性质

新拌混凝土的主要技术性质是混凝土拌合物的和易性。和易性又称工作性，是指混凝土拌合物在一定的施工条件下，便于各种施工工序的操作，以保证获得均匀、密实的混凝土的性能。和易性是一项综合技术指标，包括流动性(稠度)、黏聚性和保水性等。流动性是指新拌混凝土在自重或机械振捣的作用下，能流动，并均匀、密实地填满模具的性能。流动性反映的是混凝土拌合物的稀稠程度。若混凝土拌合物太干稠，则流动性差，难以振捣密实；若混凝土拌合物过稀，则流动性好，但容易出现分层和离析现象。黏聚性是指新拌混凝土的组成材料之间有一定的黏聚力，在施工过程中不致发生分层和离析现象的性能。黏聚性反映混凝土拌合物的均匀性。若混凝土拌合物黏聚性不好，则混凝土中集料与水泥浆容易分离，造成混凝土不均匀，振捣后会出现蜂窝和空洞等现象。保水性是指新拌混凝土具有一定的保水能力，在施工过程中不致产生严重泌水现象的性能。保水性反映混凝土拌合物的稳定性。保水性差的混凝土内部易形成透水通道，影响混凝土的密实性，并降低混凝土的强度和耐久性。表征新拌混凝土和易性最重要的技术指标是坍落度，测定方法如图 2-2 所示，坍落度小于 10mm 的混凝土称为干硬性混凝土，坍落度为 10~40mm 的混凝土称为低塑性混凝土，坍落度为 50~90mm 的混凝土称为塑性混凝土，坍落度为 100~150mm 的混凝土称为流动性混凝土，坍落度不低于 160mm 的混凝土称为大流动性混凝土。另一个和易性指标是扩展(散)度，混凝土的扩展度表征其在自然堆积状态下的流动能力。扩展度测量与坍落度测量同时进行，坍落度测量的是混凝土的坍塌深度，而扩展度测量的是混凝土的流动范围(即混凝土流动面积的直径)。在新拌混凝土的计算机模拟建模过程中，这两个指标也是反映建模准确性和可用性的重要参考指标。

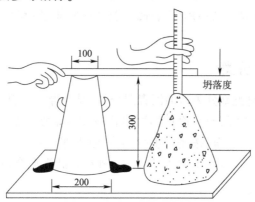

图 2-2 坍落度测定(尺寸单位：mm)

2. 硬化后混凝土的主要技术性质

硬化后混凝土的主要技术性质包括混凝土的强度、变形及耐久性等。

混凝土强度是混凝土硬化后的最重要的力学性能，反映混凝土抵抗荷载的能力。水灰比、水泥品种和用量、集料的品种和用量，以及搅拌、成型、养护，都直接影响混凝土的强度。混凝土强度包括抗压强度、抗拉强度、抗剪强度、抗弯强度、抗折强度及握裹强度，这些强度指标中最重要的是抗压强度，它的大小与其他强度指标是呈正相关的。以边长为 150mm 的硬化混凝土立方体为标准试件，在标准养护条件下养护 28d，按照标准试验方法测得的具有

95%保证率的立方体抗压强度就是混凝土的标准抗压强度。混凝土按标准抗压强度的大小划分强度等级,如 C20 混凝土就是指硬化后的混凝土每立方米抗压强度能够达到 20MPa。

混凝土的变形包括非荷载作用下的变形和荷载作用下的变形,主要包括弹性变形、塑性变形、化学收缩、干湿变形和温度变形等。在荷载作用下的变形主要是弹性变形和塑性变形,在短期荷载作用下的弹性变形主要用弹性模量表示。在长期荷载作用下,应力不变,应变持续增加的现象为徐变;应变不变,应力持续减小的现象为松弛。非荷载作用下的变形有化学收缩、干湿变形及温度变形等。

混凝土耐久性是指混凝土在实际使用条件下抵抗各种破坏因素作用,长期保持强度和外观完整性的能力,包括混凝土的抗冻性、抗渗性、抗侵蚀性及抗碳化能力等。

第三节 沥青混合料

一、沥青混合料的定义

沥青混合料是由矿料与沥青结合料拌和而成的混合料的总称。常采用的沥青混合料类型有沥青混凝土混合料和沥青碎石混合料。

沥青混凝土混合料(asphalt concrete mixture),是由适当比例的粗集料、细集料及填料组成的符合规定级配的矿料与沥青拌和而成,设计空隙率较小的密实式沥青混合料。

沥青碎石混合料是沥青稳定碎石混合料的简称,是由矿料和沥青组成的、具有一定级配要求的混合料。按空隙率、集料最大粒径、添加矿粉数量,分为密级配沥青碎石混合料(ATB)、开级配沥青碎石混合料(OGFC 表面层及 ATPB 基层)和半开级配沥青碎石混合料(AM)。

二、沥青混合料的分类

沥青混合料按结合料类型分为石油沥青混合料、煤沥青混合料等,按生产工艺分为热拌热铺沥青混合料、温拌沥青混合料、冷拌沥青混合料和再生沥青混合料等,按级配类型分为连续级配、间断级配沥青混合料,按密实度分为密级配、半开级配、开级配沥青混合料,按公称最大粒径分为特粗式、粗粒式、中粒式、细粒式、砂粒式沥青混合料。

1. 按结合料类型分类

沥青结合料是在混合料中起胶结作用的沥青类材料(含添加的外掺剂、改性剂等)的总称。可按结合料类型对沥青混合料进行分类:

(1)石油沥青混合料:以石油沥青为结合料的沥青混合料(包括:黏稠石油沥青、乳化石油沥青及液体石油沥青)。

(2)煤沥青混合料:以煤沥青为结合料的沥青混合料。

2. 按生产工艺分类

根据生产工艺,可将沥青混合料分为如下几种类型:

(1)热拌热铺沥青混合料(hot mix asphalt,HMA,简称"热拌沥青混合料"):沥青与矿料在热态下拌和、铺筑的混合料。热拌沥青混合料是由人工组配的矿质混合料与黏稠沥青在专门的设备中加热拌和而成,用保温运输工具运至施工现场,并在热态下摊铺和压实的混合料,是目前沥青路面主要采用的沥青混合料类型。

(2)温拌沥青混合料:拌和温度比热拌沥青混合料低25~50℃的沥青混合料。

(3)冷拌沥青混合料:采用乳化沥青或稀释沥青与矿料在常温状态下拌制、铺筑的混合料。

(4)再生沥青混合料:将经过翻挖、回收、破碎、筛分的旧沥青路面,与再生剂、新沥青材料、新集料等按一定比例重新拌和成的混合料。

3. 按级配类型分类

根据级配类型可将沥青混合料分为如下几种类型:

(1)连续级配沥青混合料:矿料中各级粒径的集料,由大到小逐级按一定的质量比例组成的沥青混合料。

这种混合料的级配曲线平顺、圆滑,具有连续(不间断)性,连续的密级配矿料具有较大的密实度。由于各级粒径的集料都具有一定的数量,料径较大的集料容易被粒径较小的集料挤开,若矿料不能形成骨架,粗集料以悬浮状态分布于较小的颗粒之中,在组成结构上属于悬浮-密实结构类型。这种混合料可以获得较佳的密实度和较大的黏结力,但内摩阻力较小,其强度主要取决于黏结力,在重载交通作用下,路面可能因热稳定性不足而产生车辙、波浪、推移等病害。

对于连续级配沥青混合料而言,粗集料含量相对增加,细集料含量较低甚至没有,混合料可以形成骨架;粗集料之间的空隙不能被充分填充,会产生较大的空隙率,形成骨架-空隙结构。这类混合料的强度主要取决于颗粒内摩阻力,黏结力相对是次要的,因而其热稳定性显著提高,但路面的耐久性将受到影响。

(2)间断级配沥青混合料:间断级配沥青混合料的矿料组成中,粒径大小不是连续的,缺少某一个或两个档次粒径材料或某个档次的材料很少。这种混合料不仅有足够数量的粗集料可以形成空间骨架,而且有足够数量的细集料填充于骨架间的空隙中,使混合料有较高的密实度,形成骨架-密实结构,故其内摩阻力和黏结力都较大。当间断级配沥青混合料在间断的粒径区间材料很少时,称之为断级配,最为典型的是沥青玛琋脂碎石混合料(SMA)。

4. 按密实度分类

根据密实度可将沥青混合料分为如下几种类型:

(1)密级配沥青混合料:按密实级配原理设计的矿料与沥青结合料拌和而成,设计空隙率较小,包括密级配沥青混凝土混合料和密级配沥青稳定碎石混合料。按关键性筛孔通过率的不同又可分为细型和粗型密级配沥青混合料。粗集料嵌挤作用较好的也称嵌挤密级配沥青混合料。

密级配沥青混凝土混合料以 AC 表示,空隙率为3%~5%;密级配沥青稳定碎石混合料以 ATB 表示,空隙率为3%~6%。其设计空隙率可根据不同交通条件、气候情况、应用层位作适当调整。

(2)半开级配沥青混合料:由适当比例的粗集料、细集料及少量填料(或不加填料)与沥青结合料拌和而成,压实后剩余空隙率为6%~12%。

(3)开级配沥青混合料:矿料级配主要由粗集料嵌挤组成,细集料及填料较少,设计空隙率大于18%的沥青混合料。

5. 按公称最大粒径分类

根据公称最大粒径可将沥青混合料分为如下几种类型:

(1)特粗式沥青混合料:公称最大粒径大于或等于37.5mm的沥青混合料。
(2)粗粒式沥青混合料:公称最大粒径为26.5mm或31.5mm的沥青混合料。
(3)中粒式沥青混合料:公称最大粒径为16mm或19mm的沥青混合料。
(4)细粒式沥青混合料:公称最大粒径为9.5mm或13.2mm的沥青混合料。
(5)砂粒式沥青混合料:公称最大粒径小于9.5mm的沥青混合料。

三、沥青混合料的组成结构和强度理论

1. 沥青混合料的组成结构理论

随着对沥青混合料组成结构进行研究的手段与方法的丰富,目前对沥青混合料的组成结构有下列两种相互对立的理论。

图2-3 表面理论

(1)表面理论。

表面理论(图2-3):由粗集料、细集料和填料经人工组配成密实的级配矿质骨架,沥青结合料分布在其表面,从而将它们胶结成一个具有一定强度的整体,即沥青混合料。该理论较为突出矿质骨架作用,认为沥青混合料强度的关键是矿质骨架的强度和密实度。

(2)胶浆理论。

胶浆理论(图2-4)认为沥青混合料是一种多级空间网状结构的分散系。它是以粗集料为分散相而分散在沥青砂浆介质中的一种粗分散系;同样,沥青砂浆是以细集料为分散相而分散在沥青胶浆介质中的一种细分散系;而沥青胶浆又是以填料为分散相而分散在高稠度沥青介质中的一种微分散系。

图2-4 胶浆理论

这三级分散系以沥青胶浆最为重要,它的组成结构决定沥青混合料的高温稳定性和低温变形能力。目前,相关研究发现填料的矿物组成、填料的级配(以0.075mm为最大粒径)以及沥青与填料表面的交互作用等因素对混合料性能的影响较大,比较强调采用高稠度沥青和大的沥青用量,以及采用间断级配的矿质混合料。

2. 沥青混合料的组成结构类型

在沥青混合料中,由于组成材料用量占比不同,压实后沥青混合料内部的矿料分布状态、剩余空隙率也呈现出不同的特征,形成不同的组成结构。按照沥青混合料的矿料级配组

成特点,可将沥青混合料分为悬浮-密实结构、骨架-空隙结构和骨架-密实结构,如图2-5所示。

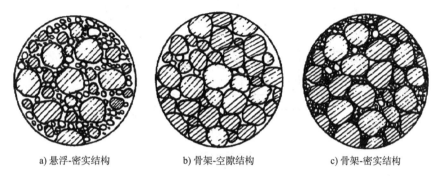

a) 悬浮-密实结构　　　b) 骨架-空隙结构　　　c) 骨架-密实结构

图2-5　沥青混合料的组成结构类型

(1) 悬浮-密实结构。

采用连续密级配矿料配制的沥青混合料(级配曲线见图2-6中曲线①),矿料粒径由大到小连续存在,粒径较大的颗粒被粒径较小的颗粒挤开,颗粒之间不能直接接触形成嵌挤骨架结构,粗集料悬浮于较小粒径颗粒和沥青胶浆之间,而较小粒径颗粒与沥青胶浆接触得较为密实,形成了所谓的悬浮-密实结构,见图2-5a)。按照连续密级配原理设计的AC型沥青混合料是典型的悬浮-密实结构。

悬浮-密实结构的沥青混合料经压实后,密实度较大,水稳定性、低温抗裂性和耐久性较好,一般不发生粗细集料离析,便于施工,是使用较为广泛的沥青混合料。但这种沥青混合料粗集料较少、不接触,不能形成骨架结构,在高温条件下使用时,由于沥青黏度降低,沥青混合料强度和稳定性可能会下降。

(2) 骨架-空隙结构。

当采用连续开级配矿料与沥青组成沥青混合料时(级配曲线见图2-6中曲线②),粗集料颗粒较多,颗粒彼此接触形成互相嵌挤的骨架,但细集料数量较少,不足以充分填充骨架空隙,压实后混合料的空隙较大,形成了所谓的骨架-空隙结构,见图2-5b)。半开级配沥青碎石混合料(AM)和开级配磨耗层沥青混合料是典型的骨架-空隙结构。

在形成骨架-空隙结构的沥青混合料中,粗集料之间的嵌挤力对沥青混合料的强度和稳定性起着重要作用,结构强度受沥青性质和物理状态的影响较小,因而高温稳定性较好。但压实后的沥青混合料剩余空隙率较大,渗透性较大,在使用过程中,气体和水分易进入沥青混合料内部,引发沥青老化或将沥青从集料表面剥落。

(3) 骨架-密实结构。

当采用间断级配矿料配制的沥青混合料时(级配曲线见图2-6中曲线③),粗集料能互相靠拢,不被细集料推开,形成骨架,增大嵌挤力和集料之间的摩阻力。细集料仍按连续级配保持密实结构,具有较大的内聚力,见图2-5c)。

骨架-密实结构中粗集料充分发挥了嵌挤作用,细集料又具有最大密实性和内聚力,整个结构能够形成较高的强度,是一种比连续级配更为理想的组成结构。沥青玛琋脂碎石混合料是典型的骨架-密实结构。

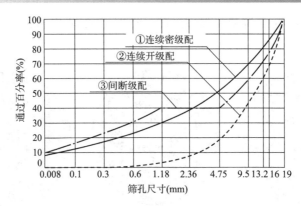

图 2-6 3 种类型矿料级配曲线

3. 沥青混合料的强度理论

沥青混合料在常温和较高温度下,由于沥青的黏结力不足而产生变形或由于抗剪强度不足而破坏,一般采用摩尔-库仑理论来分析其强度和稳定性,沥青混合料的强度是由矿质集料颗粒之间的嵌挤力(内摩阻力)、沥青与集料之间的黏结力以及沥青的内聚力构成的。

沥青混合料抗剪强度可按摩尔-库仑理论予以表征,即在外力作用下需满足材料不发生剪切滑移的必要条件:

$$\tau = c + \sigma \tan\varphi \tag{2-10}$$

式中:τ——沥青混合料的抗剪强度,MPa;

c——沥青混合料的黏聚力,MPa;

σ——试验时的正应力(正压力),MPa;

φ——沥青混合料的内摩擦角,rad。

第四节 土与土石混合体

一、土

1. 土的概念

地球表面 30~80km 厚的范围是地壳。地球外壳中原来整体坚硬的岩石,经风化、剥蚀、搬运、沉积形成的固体矿物、水和气体的集合体称为土。它是第四纪以来地壳表层最新的、未胶结成岩的松散堆积物。

风化作用有物理风化、化学风化、生物风化。岩石经受风、霜、雨、雪的侵蚀,温度、湿度的变化,不均匀膨胀与收缩,从而产生裂隙,崩解为碎块。这种风化作用,只改变颗粒的大小与形状,不改变原来的矿物成分,称为物理风化。经物理风化生成的土为巨粒土,呈松散状态,如块石、碎石、砾石与砂石,总称为无黏性土。岩石的碎屑与水、氧气和二氧化碳等物质接触,逐渐发生化学变化,改变了原来组成矿物的成分,产生一种新的成分——次生矿物,这种风化称为化学风化。经化学风化生成的土为细粒土,具有黏结力,如黏土与粉质黏土,总称为黏性土。植物、动物和人类活动对岩体的破坏称为生物风化,岩体矿物成分没有发生变化。

2. 土的基本特征

从工程地质观念分析,土具有以下基本特征。

(1)土是自然、历史的产物。土是由许多矿物自然结合而成的,它是在一定的地质历史时期内,经过各种复杂的自然因素作用后形成的。各类土的形成时间、地点、环境以及方式不同,各种矿物在质量、数量和空间排列上都有一定的差异,其工程地质性质也就有所不同。

(2)土是相系组合体。土是由三相(固相、液相、气相)或四相(固相、液相、气相、有机质相)组成的体系。相系组成的变化将导致土的性质的改变。土的相系之间的质和量的变化是鉴别其工程地质性质的一个重要依据。它们存在着复杂的物理化学作用。

按三相的相对含量不同,土可分为干土(孔隙只被空气充满、无水)、饱和土(孔隙只被水充满、无空气)、湿土(孔隙中有水、有空气)。

(3)土是分散体系。在由二相或更多的相构成的体系中,某一相或一些相分散在另一相中,称为分散体系。土中三相分散存在,故土又称三相分散系。根据固相土粒的大小(分散程度),土可分为粗分散体系(粒径大于 $2\mu m$)、细分散体系(粒径为 $0.1 \sim 2\mu m$)、胶体体系(粒径为 $0.01 \sim 0.1\mu m$)、分子体系(粒径小于 $0.01\mu m$)。分散体系的性质随着分散程度的变化而改变。

粗分散体系与细分散体系、胶体体系的差别很大。细分散体系与胶体体系有许多共性,可将它们合在一起看成土的细分散部分。土的细分散部分具有特殊的矿物成分,具有很高的分散性和很大的比表面积。

(4)土是多矿物组合体。在一般情况下,土含有 $5 \sim 10$ 种或更多的矿物,其中除原生矿物外,次生黏土矿物是主要成分。黏土矿物的粒径很小(小于 $0.002\mu m$),遇水呈现出胶体化学特性。

3. 土的工程特性

土与其他连续介质的建筑材料相比,具有下列 3 个显著的工程特性。

(1)压缩性高。弹性模量是反映材料压缩性的指标,因材料性质不同而有极大的差别。由于土的弹性模量比较小,所以,当应力相同、材料厚度一样时,土的压缩性极高。

(2)强度低。土的强度特指抗剪强度,而非抗压强度或抗拉强度。无黏性土的强度来源于因土粒表面粗糙不平而产生的摩擦力;黏性土的强度主要来源于摩擦力和黏聚力。摩擦力或黏聚力,均远远小于建筑材料本身的强度,因此,土的强度比其他建筑材料都低得多。

(3)透水性高。土体中固体矿物颗粒之间具有无数的孔隙,决定了土的透水性要比其他建筑材料高得多。

上述土的 3 个工程特性与建筑工程设计和施工关系密切,需高度重视。各类土由于生成条件不同,工程特性往往悬殊,主要有以下 3 个影响因素。

(1)搬运、沉积条件:通常流水搬运、沉积的土优于风力搬运、沉积的土。

(2)沉积年代:通常土的沉积年代越久,土的工程性质越好。

(3)沉积的自然地理环境:由于我国地域辽阔,全国各地地势、气候、雨量悬殊,所以在这些自然地理环境下生成的土的工程特性会有较大差异。

4. 土的组成

土由固体颗粒以及颗粒间孔隙中的水和气体三部分组成,称为土的三相组成。土中的固体颗粒构成骨架,骨架之间贯穿着孔隙,孔隙中充填着水和气体,土的三相比例并不是恒定的,它随着环境的变化而变化。三相比例不同,土的状态和工程性质也不相同。固体+气体(液相=0)为干土,干黏土较硬,干砂松散;固体+液体+气体为湿土,湿黏土多为可塑状态;固体+液体(气相=0)为饱和土,饱和粉细砂受震动可能液化,饱和黏土地基沉降需很长时间才能稳定。

由此可见,研究土的工程性质,首先从最基本的土的三相本身开始研究,此处重点介绍土的固体颗粒的基本知识与研究方法。

土的固体颗粒粒径大小及其在土中所占的百分比,称为土的颗粒级配(粒度成分)。在实用土力学研究中所涉及的土,按照颗粒大小分类即可,为了对试验结果进行定性说明,还可考虑颗粒形状和矿物种类。

(1)土颗粒的大小与形状。

自然界中土的颗粒大小十分不均匀,性质各异。土颗粒大小,通常以其直径表示,简称"粒径",单位为mm;土颗粒并非理想的球体,包括球状、针片状、棱角状等不规则形状,因此粒径只是一个相对的、近似的概念。土颗粒大小变化范围极大,大者可达数千毫米,小者可小于万分之一毫米,随着粒径的变化,土颗粒的成分和性质也逐渐发生变化。土一般是由大小不等的土颗粒混合而成的,也就是说,不同大小的土颗粒按不同的比例搭配构成某一类土,比例搭配(级配)不一样,则土的性质各异。因此,研究土的颗粒大小组合情况,也是研究土的工程性质一个很重要的方面。

由于土颗粒大小不同,土的性质差异较大。工程上将土颗粒按粒径大小分为若干区段,每一区段为一组,称为粒组,即某一级粒径的变化范围。每个粒组都以土颗粒粒径的两个数值作为上下限,并给以适当的名称,粒组与粒组之间的分界尺寸称为界限粒径(不同国家、部门中,界限粒径不尽相同)。简言之,粒组就是一定的粒径区段,以mm为单位。

每个粒组内的土的工程性质相似。通常粗粒土的压缩性低、强度高、透水性高。至于从土颗粒的形状看,带棱角的表面粗糙,不易滑动,因此强度比表面圆滑的高。

从土的工程性质角度出发,划分粒组有以下3个原则。

①在一定的粒径变化范围内,其工程地质性质是相似的,若超越了这个变化范围就要引起质的变化,即每个粒组的成分与性质无质的变化。

②与目前粒度成分的测定技术相适应,即对于不同大小的土粒可采用不同的适用方法进行分析。

③粒组界限值力求遵循简单的数学规律,以便记忆与分析。

这3条原则中,第一条是最重要的。

粒组划分及其详细程度各国并不一致,其中砂粒与粉粒界限有所不同,有0.075mm、0.06mm和0.05mm等3种方案,但本质上差别不大。20世纪80年代以前,我国以0.05mm为砂粒与粉粒的界限值,与苏联、东欧诸国一致,后经修订改为0.075mm。粉粒与黏粒的界限值也有3种,即0.005mm、0.002mm和0.001mm,土壤学中以0.001mm为二者的界限值。小于0.002mm的土颗粒中很少有未风化矿物,以次生矿物为主;而0.002~0.005mm土颗粒中,尚有未风化的原生矿物,所以以0.002mm粒径为黏粒与粉粒的界限值是有一定依据的,并为许多国家所采用。

我国多年来采用 0.005mm 作为黏粒与粉粒的界限值,是根据在工程实际中总结的土的工程性质,以及习惯采用此值作为黏粒组的上限而确定的。目前,我国广泛应用的土的粒组划分方案如表 2-1 所示。按粒径由大至小划分为 6 个粒组:漂石(块石)组、卵石(碎石)组、砾石组、砂粒组、粉粒组、黏粒组。

土的粒组划分方案　　　　　　　　　　表 2-1

粒组统称	粒组名称		粒径 d 范围(mm)	分析方法	主要特征
巨粒	漂石(块石)		$d > 200$	直接测定	透水性很强,压缩性极弱,颗粒间无黏结,无毛细性
	卵石(碎石)		$60 < d \leq 200$		
粗粒	砾石	粗砾	$20 < d \leq 60$	筛分法	孔隙大,透水性强,压缩性弱,有一定的毛细性,既无可塑性和黏性,也无胀缩性,强度较高
		细砾	$2 < d \leq 20$		
	砂粒	粗砂	$0.5 < d \leq 2$		
		中砂	$0.25 < d \leq 0.5$		
		细砂	$0.075 < d \leq 0.25$		
细粒	粉粒		$0.005 < d \leq 0.075$	比重计法 (静水沉降原理)	透水性弱,压缩性中等,毛细上升高度大,易出现冻胀,湿时有一定的黏性,遇水不膨胀,稍有收缩
	黏粒		$d \leq 0.005$		透水性极弱,压缩性变化大,具有黏性、可塑性、胀缩性,强度较低,毛细上升高度大且速度慢

为了形象表现,把土的粒径用坐标表示,如图 2-7 所示。

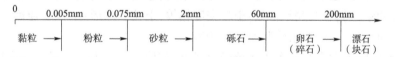

图 2-7　土的粒径分组

实际上,土常是各种大小不一颗粒的混合体,较笼统地说,以砾石和砂粒为主的土为粗粒土,也称无黏性土。以粉粒、黏粒(或胶粒,直径小于 0.002mm)为主的土称为细粒土,也称黏性土,主要由原生矿物、次生矿物组成。

(2)颗粒级配分析方法。

自然界里的天然土,很少是一个粒组的土,往往由多个粒组混合而成,土的颗粒有粗有细。因此,我们如果想对土进行工程分类,就要知道各粒组的比例搭配,从而判定土粒的组成性状。

工程中,常用土中各粒组的相对含量,即各粒组质量占土粒总质量(干土质量)的百分比,表示土的颗粒级配。这是决定无黏性土工程性质的主要因素,以此作为土的分类定名标准。

颗粒级配是通过土的颗粒分析试验测定的,在进行土的分类和评价土的工程性质时,常需测定土的颗粒级配。工程上使用的颗粒级配的分析方法有筛分法和比重计法两种,互相配合使用。

a. 筛分法。筛分法适用于分析粒径大于0.1mm(或0.075mm,按筛的规格而言)的土,砾石类土与砂粒类土采用筛分法。它是利用一套孔径大小不同,孔径与土中各粒组界限值相等的标准筛,将事先称过质量且风干、分散的代表性土样充分过筛,称留在各筛盘上的土粒质量,然后计算相应各粒组的相对百分数。目前我国采用的标准筛的孔径分9级,分别为20mm、10mm、5mm、2.0mm、1.0mm、0.5mm、0.25mm、0.1mm、0.075mm。

b. 比重计法(静水沉降法)。比重计法适用于分析粒径小于0.1mm的土。根据斯托克斯(Stokes)定理,球形的细颗粒在静水中的下沉速度与颗粒直径的平方成正比,见式(2-11)。

$$v = \frac{g(\rho_s - \rho_w)}{1800\eta}d^2 \tag{2-11}$$

式中:v——土粒在静水中的沉降速度,cm/s;

d——土粒直径,mm;

g——重力加速度,cm/s^2;

ρ_s——土粒密度,g/cm^3;

ρ_w——水的密度,g/cm^3;

η——水的动力黏滞系数,mPa·s。

上式中水的密度和水的动力黏滞系数随液体的温度变化而变化,对于某一种土的悬液来说,当悬液温度不变时,式中的g、ρ_s、ρ_w和η均为定值,故$\frac{g(\rho_s - \rho_w)}{1800\eta}$为一常数,用$A$表示,则式(2-11)变为式(2-12):

$$v = Ad^2 \tag{2-12}$$

斯托克斯定理是在下列假定条件下推导出来的:悬液的浓度很小,颗粒相互不碰撞而自由下沉;悬液的动力黏滞系数是常数;土粒密度相等;土粒呈球形;土粒直径远大于水分子直径;土粒沉降速度很小;土粒水化膜厚度等于零。

但在实际中除土粒直径远大于水分子直径外,其他条件均无法满足。在应用该定理时,必须在试验技术上采用相应的措施:采用悬液的浓度为1%~3%;悬液温度在试验过程中保持不变;土粒密度取平均密度;土粒为不规则形状,可引用"等效直径"的概念。"等效直径"是指若土粒沉降速度与某一粒径的球形颗粒的沉降速度相等,那么将球形颗粒的直径等效为该土粒的直径。该定理一般适用于粒径小于0.075mm(或0.1mm)的土粒,以确保土粒的沉降速度较小。

利用粗颗粒下沉速度快,细颗粒下沉速度慢的原理,把颗粒按下沉速度进行粗细分组。试验室常用比重计进行颗粒分析,称为比重计法。根据式(2-11)和式(2-12),可从测定不同时间内悬液的相对密度来换算土粒的直径。同时,可得出在同一深度悬浮着的颗粒质量占土样干重的百分比。然后,进行细粒组的测定,即将制备好的悬液(土粒与水)充分搅拌,停止搅拌后,测得经某一时间,土粒从悬液表面下沉至某一深度处所对应的颗粒直径,这样就可以将大小不同的土粒分离开来或求得小于某粒径d的颗粒在土中的相对含量。虽然在试验技术上采取了相应的措施,仍不免存在一些误差,但一般能满足实际生产上的精度要求。

此外还有移液管法、比重瓶法等。各种方法的仪器设备有其自身特点,但它们的测试原理均建立在斯托克斯定理的基础上。

(3)颗粒级配分析结果表示方式。

为了使颗粒级配分析结果便于利用和容易看出规律性,需要把颗粒级配分析资料加以整理并用较好的方法表示出来。目前,常用的方法有图解法与表格法两种。

a. 图解法。图解法有累积曲线图、分布曲线图和三角图法,目前在生产实际中应用最广泛的是累积曲线图,如图2-8所示。将筛分和比重计试验的结果绘制在以土的粒径为横坐标,粒径小于某界限值之土质量累计百分数 p 为纵坐标的直角坐标系中,确定点,将所得点连成线(光滑的曲线),得到的曲线称为土的粒径级配累积曲线。累积曲线有自然数坐标系和半对数坐标系(横坐标为对数)两种,实际中一般以半对数坐标系表示。

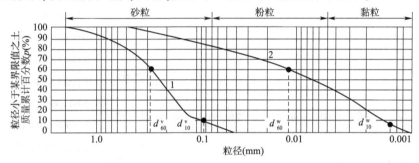

图2-8 土的累积曲线图

注:曲线1和2分别表示两种级配的土样累积曲线,上标V和W是用于区分这两种图样的标识;d_{60}为限制粒径,表示粒径小于该值的土粒质量累计百分数为60%;d_{10}为有效粒径,表示粒径小于该值的土粒质量累计百分数为10%。

b. 表格法。将分析资料(各粒组的质量百分数或粒径小于某值的土粒质量累计百分数)填在已制好的表格内,该方法可以很清楚地用数量说明各粒组的相对含量,可用于按颗粒级配给土分类命名。该方法简单,内容具体,但对于大量土样之间的对比有一定的困难。

二、土石混合体

1. 土石混合体的概念

土石混合体是指第四纪以来形成的,由具有一定工程尺度、强度较高的块石、细粒土体及孔隙构成且具有一定含石量的极端不均匀松散岩土介质系统,是一种由作为集料的砾石或块石与作为填料的黏土和砂组成的地质体。

2. 土石混合体的分类

根据物质组成即根据材料中含有的土与石的数量分为三大类:土体、土石混合体、岩体。土体中只含有土,土石混合体中既含有土又含有石,岩体中只含有石。然后对于每一大类,再进行次一级的分类。对于岩体或土体,可以参照以前的分类标准,这里不作进一步的探讨。对于土石混合体,则根据其中含石量(t)将之分成石质土($10\% \leq t < 25\%$)、混合土($25\% \leq t < 70\%$)、土质石($70\% \leq t < 90\%$)。由于影响岩、土材料性质的因素比较多,所以

在此基础上还要进行三级划分。对于土石混合体中的石质土和混合土、土质石来说,不但含石量对其性质有很大的影响,而且所含砾石或块石的颗粒形状与级配以及土体的物理特性对其力学性质也有极大的影响,例如土石混合体的透水性、渗透稳定性、毛细性与压实性等都在很大程度上取决于粒度和级配的特征以及所含细粒土体的性质。因此应根据颗粒形状与级配以及所含的砂土、粉土、黏土的成分进行三级划分。

根据以上方法,对土石混合体进行了工程分类,分类体系见图 2-9。图 2-9 中符号名称见表 2-2。

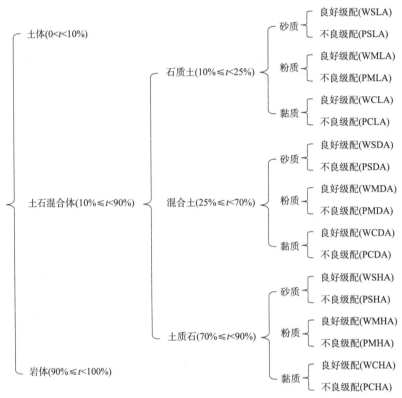

图 2-9 土石混合体工程分类

土石混合体工程分类符号　　　　　　表 2-2

名称	土体	土石混合体	岩体	砂土	粉土	黏土	含石量			级配特性	
							低	中	高	良好	不良
符号	E	A	R	S	M	C	L	D	H	W	P

土石混合体中级配界限值的确定:这里所指的级配指标与平常意义上的不一样,而且针对不同的子类型其定义也不同。对于石质土和混合土,主要考虑砾石形状的影响,所以规定当砾石为圆形或亚圆形时为良好级配,呈棱角状时为不良级配。对于土质石,由于砾石已经形成完整骨架,所以要统计砾石的级配。测试方法也采用筛分法,只是要采用特殊的钢筛子,根据我国粒组划分方案中关于砾石、卵石(碎石)粒径的界定以及现场统计的经验初步选定筛子的直径分别为 1cm、2cm、6cm、10cm、14cm,但不均匀系数 C_u 和曲率半径 C_e 的定义和

其他方法一样。其限定值的确定也与其他方法一样,即当不均匀系数 $C_u \geqslant 5, 1 < C_c < 3$ 同时满足时,称为良好级配;其他情况称为不良级配。

3. **土石混合体的力学性质**

土石混合体由于含有不同大小、不同种类、不同数量的砾石块体而具有典型的非均质性、非连续性,在力学性质上表现为强烈的各向异性。在实际工程中,岩土体的非均质性不仅表现为物质成分分布的非均质性,更主要地表现为岩土体结构的非均质性。土石混合体可以被认为是复合型结构体,它可以包含强度相对较低的黏土或砂土充填物以及强度相对较高的砾石块体,这决定了其物质组成上的非均质性。同时所含的石块可以具有各种各样的空间结构和方向,尺寸也相差很大,这决定了其结构上的非均质性。由于土石混合体物质组成上的非均质性、结构的非均质性,其物理力学性能表现为明显的非均质性、各向异性、非连续性和应力重分布的复杂性。

第三章　工程装备数值仿真方法

工程装备与工程材料的相互作用是施工中最前端、最关键的环节之一,既决定了工程装备的作业效率和效果,也影响着工程材料的成形和服役性能。本章对工程装备作业过程中最常用的有限元和离散元数值仿真方法的基本原理进行介绍,并简要介绍常用的两款大型通用数值仿真软件 ABAQUS 和 EDEM。

第一节　有限元方法

一、有限元方法基本原理

有限元方法(finite element method, FEM)的基本原理:将连续的求解域离散为一组单元的组合体,用在每个单元内假设的近似函数来分片地表示求解域上待求的未知场函数,近似函数通常由未知场函数及其导数在单元各节点的数值插值函数来表示,从而使一个连续的无限自由度问题变成离散的有限自由度问题。

对有限元方法基本原理的更通俗解释如下:在用力学理论严谨地研究结构构件受力行为时,人们开发了以平衡、几何和本构三大方程为基础的分析方法,求解过程中,通过求解大量的微分方程组算出构件位移,再推导应力、应变和反力。对于工程中的各种复杂结构,上述求解过程非常复杂,效率低下,难以获得准确解析解。针对上述问题,人们通过猜位移和引入能量原理的方式避免求解复杂的微分方程,代之以更简单的积分运算,这是有限元发展中极为重要的理论突破,同时,矩阵的引入也大大提高了计算效率。由于基于能量原理的分析极度依赖位移猜测的准确性,所以人们基于微分思想将结构划分成一定数量的单元并猜测每一单元上的位移,在满足收敛条件的前提下大大降低了位移猜测对最终结果的影响,这是有限元发展中又一重要里程碑,至此有限元理论基本构建完整。为方便使用,人们制定了若干标准单元,比如平面四边形单元、空间六面体单元等,每类单元提前给定好假设位移(即位移模式),将结构划分成一定数量的标准单元来分析,即有限元方法。此后,在电子计算机的强力支撑下,有限元方法成了当代重要的结构分析手段。总的来说,有限元方法就是一种结构计算的近似方法,核心在于力学基本分析、能量原理引入、猜位移与数值积分、离散化分析。

有限元方法特别适合求解大型连续模型的小变形问题,具有高效率和高精度的优势,在引入各种其他方法,如光滑粒子流体动力学(smoothed particle hydrodynamics, SPH)、扩展有限元法(extended finite element method, XFEM)等方法后,处理大变形、断裂等问题的效率和精度也有所提升。

二、有限元软件 ABAQUS

ABAQUS 是法国达索系统公司 SIMULIA 品牌旗下的一款全球知名的有限元分析软件,

其解决问题的范围从相对简单的线性分析到许多复杂的非线性问题。ABAQUS 包括一个丰富的、可模拟任意几何形状的单元库,并拥有各种类型的材料模型库,可以模拟典型工程材料的性能,其中包括金属、橡胶、高分子材料、复合材料、钢筋混凝土、可压缩超弹性泡沫材料,以及土壤和岩石等地质材料。ABAQUS 作为通用的模拟工具,可以解决大量结构(应力、位移)问题,还可以模拟其他工程领域的许多问题,例如热传导、质量扩散、热电耦合分析、声学分析、岩土力学分析(流体渗透、应力耦合分析)及压电介质分析。ABAQUS 是将各种材料属性和载荷等直接指派或施加在几何模型上,这样对于一些复杂问题,可以通过先粗略划分网格,预先观察模拟结果,然后把关键部位的网格细化,再进行分析,所以其分析过程的灵活性较强。ABAQUS 被广泛地认为是功能最强的有限元软件,可以分析复杂的固体力学结构力学系统,特别是能够驾驭非常庞大、复杂的问题和模拟高度非线性问题。ABAQUS 不但可以用来做单一零件的力学和多物理场的分析,同时还可以用来做系统级的分析和研究。ABAQUS 被各国在工业研究中广泛采用,在大量的高科技产品研究中发挥着巨大的作用。

ABAQUS 有两个主求解器模块——ABAQUS/Standard 和 ABAQUS/Explicit,还包含一个全面支持求解器的图形用户界面,即人机交互前后处理模块 ABAQUS/CAE。ABAQUS/CAE 模块的功能及分析步骤如图 3-1 所示,主要包括部件建模、定义材料属性、装配、创建分析步、施加载荷、划分网格、分析计算和可视化分析结果(云图、变形图、XY 曲线图和动画等)。

Part	Property	Assembly
·创建几何模型	·定义材料 ·定义并赋予截面属性	·定位
Step	Interaction	Load
·定义分析步和输出请求	·该模型不需要定义接触	·定义载荷和边界条件
Mesh	Job	Visualization
·划分网格	·提交、管理并监控作业	·查看结果

图 3-1 ABAQUS/CAE 模块的功能及分析步骤

需要注意的是,ABAQUS 软件无法单独指定参数的单位。用户可根据需要,按照表 3-1 自行进行单位统一,如:按照推荐的国际单位制 SI 设定单位时,当长度按照 m 为单位给定数值,则力应按照 N 为单位给定数值,其他物理量同理。

单位统一　　　　　　　　　　　　　　　表3-1

物理量	单位符号	
	SI 单位	SI 单位的倍数单位
长度	m	mm
力	N	N
质量	kg	t
时间	s	s
压强	Pa(N/m^2)	MPa(N/mm^2)
能量	J	mJ(10^{-3}J)
密度	kg/m^3	t/mm^3
加速度	m/s^2	mm/s^2

建立待分析结构的有限元模型是进行后续有限元分析的前提。目前,有限元分析工作可以通过 SOLIDWORKS、Pro/E 等三维建模软件与 ABAQUS 有限元分析软件相结合的方式完成。另外,有限元分析前划分网格,同样要求在保持分析准确性的基础上减少薄片、尖角等结构,以免出现错误网格,对于复杂构件的网格划分,既可以在 ABAQUS 软件中进行,也可以使用专门的网格划分软件,如 HyperMesh。

第二节　离散元方法

一、离散元方法基本原理

离散元方法(discrete element method, DEM)是一种颗粒离散体物料分析方法。离散元方法的基本思想是把不连续体分离为刚性元素的集合,使各个刚性元素满足运动方程,用时步迭代的方法求解各刚性元素的运动方程,继而求得不连续体的整体运动形态。该方法适合求解大位移和非线性的问题,目前在岩土工程、颗粒离散体工程两大传统应用领域发挥着无可比拟的作用。

每一次离散元迭代计算包括两个主要步骤:①由作用力、反作用力原理和相邻颗粒间的接触模型确定颗粒间的接触作用力和相对位移;②由牛顿第二定律确定由相对位移引起的相邻颗粒之间的不平衡力,直至循环次数达到要求或颗粒移动、受力达到稳定状态。

完整的离散元迭代计算过程涉及几何体结构运动,颗粒的生成与消失,颗粒—颗粒、颗粒—结构体之间的接触判定,接触计算,体积力/场力计算,颗粒运动计算,黏结键更新,等等,如图3-2 所示。

离散元方法可用来模拟颗粒物料的流动,这些物料的类型包括沙子、矿石、谷物等。大多数颗粒物料的流动难以用精确的连续性方程模拟,离散元方法通过模拟系统中的每一个固体颗粒的运动来解决这个问题。与连续方法相比,离散元方法的主要优势是在粒子尺度上获得信息。离散元方法在很大程度上依赖于计算机能力和高效的现代并行编程技术,近年来随着计算机技术的进步,其得到了很大的发展,成为工程模拟中实用的工具。

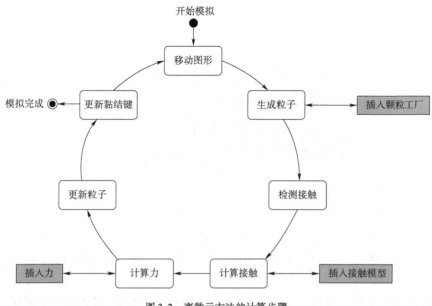

图 3-2 离散元方法的计算步骤

二、离散元软件 EDEM

1. EDEM 软件总体介绍

EDEM 是由英国 DEM Solutions 公司开发的世界上第一款基于离散元方法模拟和分析颗粒系统生产和运动过程的通用仿真分析 CAE 软件,为分析颗粒系统的运动特征、受力情况、能量传递等问题提供了途径,EDEM 可以快速、便捷地建立参数化的颗粒系统模型,添加颗粒的力学性质、物料性质和其他物理性质,通过模拟散状物料加工处理过程中颗粒系统的行为特征,帮助研究人员更好地掌握颗粒体的一些基本物理性质,研究颗粒体微观力学特性,也可以协助设计人员对一些散料处理设备进行设计、测试和优化。同时,EDEM 的后处理功能非常强大,能与现有的其他 CAE 软件(如 ABAQUS、Fluent 等)耦合使用,在分析颗粒运动的同时,分析结构受力情况,计算分析过程快速、简洁,从而能大大减少分析成本和时间,得到了越来越广泛的应用。

EDEM 的结构框架及功能如图 3-3 所示,前处理器 Creator 可用于 CAD 结构与运动设置、颗粒系统建模,模型经过求解器 Simulator 运算后,经过后处理器 Analyst 进行图片/动画生成,曲线图、柱状图分析,模拟数据导出;同时,通过二次开发接口 EDEM API(应用程序编程接口),可以实现与多体动力学、计算流体力学和多物理场的耦合仿真。

2. EDEM 离散元仿真

EDEM 完整的仿真过程包含三大部分:建模、计算以及后处理。建模过程主要包括四个步骤:

(1)设置全局模型参数。包括选择单位,输入模型标题和描述,设置接触模型,设置重力并定义材料属性,定义材料间接触参数。

(2)定义基本颗粒。包括创建新颗粒类型,定义颗粒球面和属性。

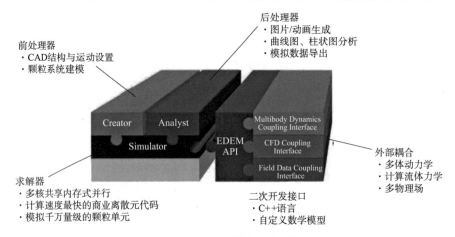

图 3-3　EDEM 结构框架及功能

(3)定义几何结构。包括导入几何模型或者创建几何体,指定几何体运动,定义模型求解域。

(4)创建颗粒工厂。包括新建颗粒工厂,设置颗粒生成参数,设置颗粒生成初始条件。

完成模型创建模块设置后,选择图 3-4 所示的模拟模块,设置求解计算的时间步长及网格参数。Time Step 为时间步长,尽量设置为 Rayleigh(瑞利)时间步长的 20% 左右。时间步长过小,分析速度会变慢;时间步长过大,容易导致仿真失败。Simulation Time 为仿真时间。Date Save 为数据存储。Simulator Grid 为仿真网格,其中"R min"表示最小粒子半径,数值越小网格越密,一般设置为 2~3。Collisions 下可以选择是否跟踪碰撞,Dynamic Domain Method 为动态域法。Simulator Engine 为仿真处理器,占用 CPU,选择 CPU 的数量越多,仿真速度越快。

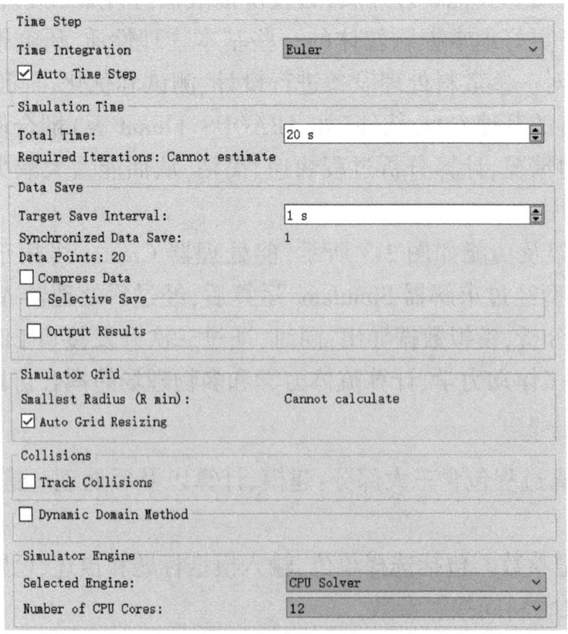

图 3-4　模拟模块界面

3. EDEM 离散元仿真后处理

EDEM 后处理器提供了对仿真结果进行分析和判断的工具,既可以通过动画直观显示完整的仿真过程,也可以通过图表定量显示仿真结果,还可以输出不同格式的结果文件用于进一步深入分析。计算完成后,在图 3-5 所示的结果分析模块显示模拟结果。Display 包括对设备材料、物料、选择计算区域的显示,可以改变透明度,显示具体部位,以质量、数量、ID、受力、速度等参数为指标进行显示设置等。

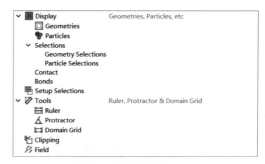

图 3-5 结果分析模块界面

针对颗粒,后处理器可查看颗粒位移、速度、力、力矩、能量等信息,能够处理颗粒系统的空间分布、向量图、轨迹图等;颗粒类型是指在 Creator Tree→Bulk Material→Material→Particle section 定义的粒子类型。显示颗粒部分允许用户修改和配置模拟中所有粒子和粒子类型的显示设置。这可以适用于所有粒子,也可以扩展以选择单个粒子类型。可以通过默认、圆锥体、变量、矢量、流线或颗粒模板等方式显示颗粒(图 3-6)。颗粒属性包括角速度、直径、动能、惯性矩、位置、压缩力、ID、压力、扭矩、体积等。针对几何体,后处理器可查看设备的运动、颗粒对其作用力等。

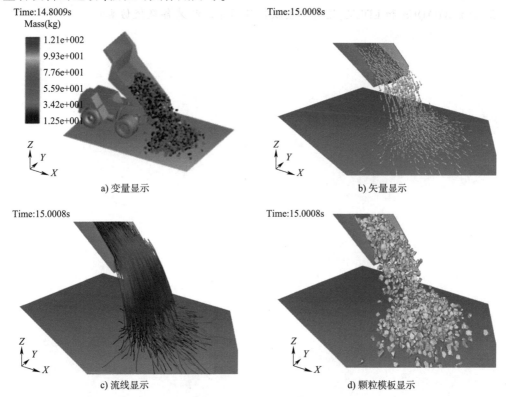

a) 变量显示   b) 矢量显示

c) 流线显示   d) 颗粒模板显示

图 3-6 颗粒显示方式

EDEM 提供了丰富的工具,包括 Selections、Tools、Clipping 等,可完成分区统计、属性传感器、分区颜色显示、动态统计、动态分区显示、切片内部显示等功能,如图 3-7 所示。

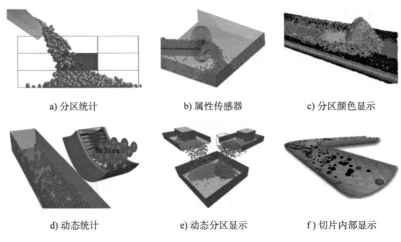

图 3-7　丰富的后处理能力

思考题

1. 对于特定工程问题,有限元和离散元方法各有哪些优缺点?
2. 有限元和离散元方法可否耦合使用?解决了什么问题?如何解决?
3. 除了 ABAQUS 和 EDEM,还有哪些软件可用于工程装备数值仿真?

第二篇

公路工程装备数值仿真

  本篇针对公路建设过程关键环节中，典型工程装备与土木工程材料的相互作用过程开展数值仿真。具体包括：路面/岩土材料标准受载破坏试验数值仿真，石料破碎和筛分设备作业过程数值仿真，水泥混凝土搅拌设备作业过程数值仿真，沥青混合料摊铺设备作业过程数值仿真，压实设备作业过程数值仿真，典型土方机械作业过程数值仿真，沥青路面铣刨过程数值仿真。各章沿着设备基本结构与工作原理、数值仿真设计、数值建模与仿真分析的思路展开。

第四章 路面/岩土材料标准受载破坏试验数值仿真

对于路面/岩土材料,人们最为关注的力学参数主要包括弹性模量、泊松比、抗压强度、抗拉强度等,一般通过单轴压缩和巴西劈裂试验获取上述参数。上述试验广泛应用在交通建设工程中,一方面可用于评估待施工岩石的力学特性,另一方面也可用于评估所制备的水泥混凝土和成形沥青路面的力学特性。考虑到材料力学参数的设置是影响数值仿真准确性的最关键因素,因此开展路面/岩土材料的标准受载破坏试验数值仿真,既可标定数值模型中的材料参数,又可研究路面/岩土材料在不同标准加载模式下的破坏形态,具有重要的理论意义。

第一节 单轴压缩试验的数值仿真

一、单轴压缩试验数值仿真设计

目前对于单轴压缩试验的数值仿真问题,可采用有限元方法或离散元方法,对于路面/岩土材料试样,可构建与物理试验试样完全一致的三维模型,也可构建沿试样轴线剖面的二维模型。对于有限元模型,加载过程一般为位移控制;对于离散元模型,加载过程可采用位移与载荷联合控制。

本例采用有限元方法,使用 ABAQUS 软件的显式动力学模块 Explicit,模拟 C20 强度等级水泥混凝土试样的单轴压缩致裂过程,采用 ABAQUS 软件自带的混凝土损伤塑性(concrete damaged plasticity,CDP)本构模型表征材料力学特性。

二、单轴压缩试验数值建模与仿真分析

1. 模型描述

如图 4-1 所示,混凝土试样为标准圆柱体,直径和高度分别为 50mm 和 100mm;两块加载平板的直径为 80mm,厚度为 0;底部平板被完全固定,顶部平板竖直向下加载 1mm 位移。混凝土基本材料参数如表 4-1 所示。本例的单位为 m、N、s、Pa、kg/m³。

图 4-1 单轴压缩模型

基本材料参数   表 4-1

物理量名称	杨氏模量(Pa)	泊松比	密度(kg/m³)	偏心率	膨胀角(°)	黏性参数
数值	3×10^{10}	0.2	2390	0.1	30	1×10^{-5}

2. 几何建模

(1)启动 ABAQUS/CAE,创建一个新的模型,命名为 Uniaxial compression,保存模型为

Uniaxial compression.cae。

(2)创建混凝土部件。进入部件模块,单击工具箱中的 ⌊ (创建部件)按钮,弹出"创建部件"对话框,在"名称"中输入"concrete",将"模型空间"设为"三维"、"类型"设为"可变形",再将"基本特征"中的"形状"设为"实体"、"类型"设为"拉伸"、"大约尺寸"设为"0.5",单击"继续"按钮,进入草图环境。

单击 ⊙ (创建圆:圆心和圆周)按钮,输入圆心坐标(0,0),再次输入圆周一点坐标(0.025,0),建立直径为0.05m的圆,单击鼠标中键,在弹出的"编辑基本拉伸"对话框中将"深度"设为"0.1",单击"确定"按钮,得到concrete部件。

单击工具栏中的"工具"→"集"→"创建",在弹出的"创建集"对话框中将"名称"设为"concrete","类型"设为"几何",点击"继续"按钮,框选整个混凝土部件,点击鼠标中键,完成concrete集的创建。

(3)创建平板部件。单击工具箱中的 ⌊ (创建部件)按钮,弹出"创建部件"对话框,在"名称"中输入"plate",将"模型空间"设为"三维"、"类型"设为"离散刚性",将"基本特征"中的"形状"设为"壳"、"类型"设为"平面"、"大约尺寸"设为"0.5",单击"继续"按钮,进入草图环境。

单击 ⊙ (创建圆:圆心和圆周)按钮,输入圆心坐标(0,0),再次输入圆周一点坐标(0.04,0),建立直径为0.08m的圆,依次单击鼠标中键,完成plate部件的创建。

单击工具栏中的"参考点"按钮,点击plate的圆心设为参考点RP,完成plate参考点的建立。

3.创建材料和截面属性

(1)创建材料。进入属性模块,单击工具箱中的 ⌀ (创建材料)按钮,弹出"编辑材料"对话框,设置材料"名称"为"Material-concrete",选择"通用"→"密度"选项,设置"质量密度"为"2390";选择"力学"→"弹性"选项,设置"杨氏模量"为"3×10^{10}"、"泊松比"为"0.2";选择"力学"→"塑性"→"混凝土损伤塑性"选项,设置"膨胀角"为"30"、"偏心率"为"0.1"、"fb0/fc0"为"10"、"K"为"0.66667"、"黏性参数"为"1e-05"。在"受压行为"栏中输入表4-2中的"屈服应力"与"非弹性应变"参数,单击右上角"子选项"中的"压缩损伤",输入表4-2中的"损伤参数"与"非弹性拉紧"参数,点击"确定"按钮;在"拉伸行为"栏中输入表4-2中的"屈服应力"与"开裂应变"参数,单击右上角"子选项"中的"拉伸损伤",输入表4-2中的"损伤参数"与"破裂拉紧"参数,其他参数保持默认设置,点击"确定"按钮,完成材料设置。

材料受压及拉伸参数　　　　表4-2

受压行为				拉伸行为			
屈服应力	非弹性应变	损伤参数	非弹性拉紧	屈服应力	开裂应变	损伤参数	破裂拉紧
12075890	0	0	0	1608640	0	0	0
13103010	0.00001724	0.00430602	0.00001724	1709440	0.00000147	0.0020761	0.00000147
14120940	0.00003856	0.01530873	0.00003856	1811090	0.00000348	0.00828859	0.00000348
15133550	0.00006507	0.0314949	0.00006507	1911680	0.00000656	0.01992534	0.00000656

注:本文解释软件界面按钮的中文表述均参考汉化版软件并用双引号或括号标出。

续上表

受压行为				拉伸行为			
屈服应力	非弹性应变	损伤参数	非弹性拉紧	屈服应力	开裂应变	损伤参数	破裂拉紧
16153110	0.00009889	0.05251861	0.00009889	2010000	0.00001654	0.05798613	0.00001654
17171030	0.0001428	0.078493	0.0001428	1908850	0.00004864	0.18065985	0.00004864
18178020	0.00020215	0.11056263	0.00020215	1808340	0.00006747	0.24967299	0.00006747
19183360	0.00029294	0.15383823	0.00029294	1707400	0.00008516	0.31018956	0.00008516
20100000	0.0005474	0.25184421	0.0005474	1606320	0.00010289	0.36620617	0.00010289
19088460	0.00096204	0.37117971	0.00096204	1505160	0.00012127	0.41935935	0.00012127
18083390	0.00120085	0.42798884	0.00120085	1403760	0.00014082	0.47057287	0.00014082
17073990	0.00142448	0.47579645	0.00142448	1302180	0.000162	0.52030492	0.000162
16063230	0.0016486	0.51912752	0.0016486	1201210	0.00018522	0.56846905	0.00018522
15051580	0.00188136	0.55974869	0.00188136	1100440	0.00021123	0.61544573	0.00021123
14037600	0.00212951	0.59860599	0.00212951	999620	0.00024103	0.66141877	0.00024103
13021790	0.00239943	0.63618075	0.00239943	898890	0.00027595	0.70633018	0.00027595
12012110	0.00269626	0.67249077	0.00269626	797980	0.00031807	0.7502075	0.00031807
11004360	0.00303021	0.70787717	0.00303021	697440	0.00037028	0.79265596	0.00037028
9996230	0.00341455	0.74251489	0.00341455	596710	0.00043806	0.83363833	0.00043806
8988880	0.0038666	0.77638587	0.0038666	495970	0.0005308	0.87267136	0.0005308
7979820	0.00441417	0.80952915	0.00441417	395140	0.00066774		
6974400	0.00509558	0.84165879	0.00509558	294640	0.00089316		
5967140	0.00598347	0.87275389	0.00598347	193960	0.00134652		
4959730	0.00720239						
3951440	0.00900732						
2946410	0.0119857						

(2) 创建截面属性。单击工具箱中的 (创建截面) 按钮, 在"创建截面"对话框中, 将"名称"设置为"Section-concrete", 选择"类别"为"实体"、"类型"为"均质", 单击"继续"按钮, 进入"编辑截面"对话框, "材料"选择"Material-concrete", 单击"确定"按钮, 完成截面的定义。

(3) 赋予截面属性。部件选择 concrete, 单击 (指派截面) 按钮, 取消勾选提示栏中的"创建集合"按钮, 选中整个部件 concrete 模型, 单击鼠标中键, 在弹出的"编辑截面指派"对话框中, 选择"截面"为"Section-concrete", 单击"确定"按钮, 把截面属性赋予部件 concrete。

4. 定义装配件

(1) 建立装配体。进入装配模块, 单击工具箱中的 (创建实例) 按钮, 按住 Shift 键依次选中部件 plate 和 concrete, 在"实例类型"栏选择"非独立(网格在部件上)", 单击"确定"按钮。

(2) 调整装配体位置。单击工具箱中的 (线性阵列) 按钮, 选中 plate 部件, 方向 1 中的"个数"设为"2", "偏移"设为"0.1", 方向 2 中的"个数"设为"1", 点击 (方向) 按钮, 选择 Z 轴为线性阵列的方向,点击"确定"按钮完成装配。

(3)创建集与表面。单击工具栏中的"工具"→"集"→"创建",在弹出的"创建集"对话框中将"名称"设为"Set-all","类型"设为"几何",点击"继续"按钮,按住 Shift 键依次选取两个 plate 的参考点,点击鼠标中键完成该集的创建;再次同样操作,选取其中一个 plate 的参考点为"Set-bottom",另一个 plate 的参考点为"Set-top"。单击工具栏中的"工具"→"表面"→"创建",在弹出的"创建表面"对话框中将"名称"设为"plate-surf-top","类型"设为"几何",点击"继续"按钮,选取一个 plate 的面为表面集,点击鼠标中键完成该集的创建;按同样的操作步骤,依次创建"plate-surf-bottom""concrete-surf-top""concrete-surf-bottom"这三个表面集。

5. 设置分析步

(1)定义分析步。进入分析步模块,单击工具箱中的 ↦ (创建分析步)按钮,在弹出的"创建分析步"对话框中选择"通用:动力,显示",点击"继续"按钮。在弹出的"编辑分析步"对话框中,设置"时间长度"为"0.1","几何非线性"设为"开";打开"质量缩放"选项卡,点击"使用下面的缩放定义"下的"创建"按钮,在弹出的"编辑质量缩放"对话框中将"类型:按系数缩放"设为"100","Scale to 目标时间增量步 of"设为"2e-07",点击"确定"按钮,其他参数均保持默认设置,再次点击"确定"按钮,完成分析步定义。

(2)设置场变量输出。单击工具箱中的 ▦(场输出管理器)按钮,选择其中的"F-Output-1",单击"编辑"按钮,在弹出的"编辑场输出请求"对话框中设置"间隔"为"100",其他参数默认不变,单击"确定"按钮,完成输出变量的定义。

(3)设置历程变量输出。单击工具箱中的 ▦(历程输出管理器)按钮,选择"H-Output-1",单击"编辑"按钮,在弹出的"编辑历程输出请求"对话框中设置"间隔"为"200",其他参数默认不变,单击"确定"按钮;单击"创建"按钮,"名称"设为"RF-1",点击"继续"按钮,"作用域"设为"集,Set-top"、"频率"设为"均匀时间间隔"、"间隔"设为"200","输出变量"选择"RF-1",其他参数保持默认设置,单击"确定"按钮。按同样操作完成"RF-2"的创建,"作用域"设为"集,Set-bottom",完成输出变量的定义。

6. 接触设置

(1)定义接触。进入相互作用模块,单击 ▣(创建相互作用属性)按钮,"类型"设为"接触",点击"继续"按钮,在"编辑接触属性"对话框选取"力学"→"切向行为","摩擦公式"设为"罚","摩擦系数"设为"0.1",再选取"力学"→"法向行为","压力过盈"设为"'硬'接触",其他参数保持默认设置,单击"确定"按钮。单击 ▣(创建相互作用)按钮,使用默认命名 Int-1,"分析步"选择"Initial","可用于所选分析步的类型"设为"通用接触(Explicit)",单击"继续"按钮。在"编辑相互作用"对话框中,"接触领域"选择"全部 * 含自身","属性指派"→"接触属性"→"全局属性指派"栏选择"IntProp-1",单击"确定"按钮。

(2)定义约束。单击 ◁(创建约束)按钮,在"类型"栏选取"绑定",单击"继续"按钮,在提示栏中选择"表面",从提示栏右侧的表面集合中选择"plate-surf-bottom",点击"继续"按钮,再次选择提示栏中的"表面",选择表面集"concrete-surf-bottom",点击"继续"按钮,弹出"编辑约束"对话框,显示"Main surface:plate-surf-bottom,Secondary surface:concrete-surf-bottom"即可,其他参数保持默认设置,点击"确定"按钮。

（3）定义"离散刚性"的质量。单击工具栏中的"特殊设置"→"惯性"→"创建"，"类型"选择"点质量/惯性"，点击"继续"按钮，质量/惯性点选择参考点 RP，在弹出的"编辑惯量"对话框中，"各向同性"设为"1"，"转动惯量"设为"I11：0.1、I22：0.1、I33：0.1"，单击"确定"按钮。

7. 定义边界条件和载荷

进入载荷模块。单击工具箱中的 ▙（创建边界条件）按钮，在"创建边界条件"对话框中设置边界条件"名称"为"BC-1"、"分析步"为"Initial"、边界条件"类别"为"力学"、"可用于所选分析步的类型"为"对称/反对称/完全固定"，单击"继续"按钮。选择提示栏中的集"Set-bottom"，在"编辑边界条件"对话框中选择"完全固定"单选按钮，点击"确定"按钮，约束所有自由度。

再次单击工具箱中的 ▙（创建边界条件）按钮，在"创建边界条件"对话框中设置边界条件"名称"为"BC-2"、"分析步"为"Step-1"、边界条件"类别"为"力学"、"可用于所选分析步的类型"为"位移/转角"，单击"继续"按钮。选择提示栏中的集"Set-top"，在"编辑边界条件"对话框中设置"U1：0、U2：0、U3：-0.001、UR1：0、UR2：0、UR3：0"，点击 ▙（创建幅值曲线）按钮，"名称"设为"Amp-1"，"类型"选择"平滑分析步"，点击"继续"按钮，在第一栏输入"时间/频率：0，幅值：0"，第二栏输入"时间/频率：0.1，幅值：1"，单击"确定"按钮，"幅值"选择"Amp-1"，单击"确定"按钮，完成边界条件定义。

8. 划分网格

在网格模块，对 plate 部件和 concrete 部件划分网格。

（1）plate 部件划分网格。

单击工具箱中的 ▙（种子部件）按钮，在弹出的"全局种子"对话框中，"尺寸控制"栏的"近似全局尺寸"设为"0.01"，其他参数默认不变，点击"确定"按钮。

单击工具箱中的 ▙（指派网格控制属性）按钮，弹出"网格控制属性"对话框，在"单元形状"选项中选择"四边形"，采用"自由"网格技术，其他参数默认不变，单击"确定"按钮，完成控制网格划分选项的设置。

单击工具箱中的 ▙（指派单元类型）按钮，弹出"单元类型"对话框，"单元库"设为"Explicit"，"簇"设为"离散刚体单元"，其他参数保持默认设置，单击"确定"按钮。

单击工具箱中的 ▙（为部件划分网格）按钮，单击提示区中的"是"按钮，完成网格划分，如图 4-2a）所示。

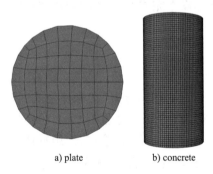

a) plate b) concrete

图 4-2 网格绘制完成效果

单击工具箱中的 ▙（检查网格）按钮，框选整个 plate 部件，单击"完成"按钮。弹出"检查网格"对话框，打开"形状检查"选项卡，单击"高亮"按钮，在消息栏提示检查信息；再打开"分析检查"选项卡，单击"高亮"按钮，没有显示任何错误或警告信息。

（2）concrete 部件划分网格。

单击工具箱中的 ▙（种子部件）按钮，在弹出的"全局种子"对话框中，"尺寸控制"栏的"近似全局尺寸"设为"0.0015"，其他参数默认不变，点击"确定"按钮。

单击工具箱中的 ■(指派网格控制属性)按钮,弹出"网格控制属性"对话框,在"单元形状"选项中选择"六面体",采用"扫掠"网格技术,其他参数默认不变,单击"确定"按钮,完成控制网格划分选项的设置。

单击工具箱中的 ■(指派单元类型)按钮,框选整个 concrete 部件,单击鼠标中键,弹出"单元类型"对话框,"单元库"设为"Explicit","簇"设为"三维应力",几何阶次设置为"线性",单元形状设为"六面体",单元类型设为"减缩积分","运动裂纹"设置为"平均应变","单元控制属性"栏下的"单元删除"设为"是",其他参数保持默认设置,单击"确定"按钮。

单击工具箱中的 ■(为部件划分网格)按钮,单击提示区中的"是"按钮,完成网格划分,如图 4-2b)所示。

单击工具箱中的 ■(检查网格)按钮,框选整个 concrete 部件,单击"完成"按钮。弹出"检查网格"对话框,打开"形状检查"选项卡,单击"高亮"按钮,在消息栏提示检查信息;再打开"分析检查"选项卡,单击"高亮"按钮,没有显示任何错误或警告信息。

9. 提交分析作业

进入作业模块,单击工具箱中的 ■(创建作业)按钮,弹出"创建作业"对话框,在"名称"中输入"Job-1",单击"继续"按钮,弹出"编辑作业"对话框,打开"并行"选项卡,"使用多个处理器"可根据自己电脑的 CPU 核数来设置,以此来提高模型的计算速度,其他参数保持默认设置,单击"确定"按钮,完成作业的创建。点击工具栏中的 ■(保存模型数据库)按钮进行模型的保存。

单击"数据检查"按钮,可进行模型的检查,若报错,点击"监控"按钮进行错误检查;若未报错,点击"提交"按钮,进行模型的正式计算,同时可点击"监控"按钮查看进度。

10. 后处理

作业分析完成后,单击"结果"按钮,进入可视化功能模块。

(1) 显示未变形图。如图 4-3a)所示,进入可视化模块,单击工具箱中的 ■(绘制未变形图)按钮,视图区中显示出模型未变形时的轮廓图。单击 ■(通用选项)按钮,将"基本信息"选项栏中的"可见边"设置为"特征边",可隐藏掉网格,显示实体模型,如图 4-3b)所示。

(2) 显示变形图。单击 ■(在变形图上绘制云图)按钮,显示出变形后的实体模型,如图 4-3c)所示。

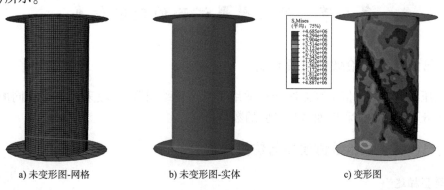

a) 未变形图-网格　　b) 未变形图-实体　　c) 变形图

图 4-3　单轴压缩试验仿真结果

(3) 绘制"位移-载荷"曲线。单击 ▦（创建 XY 数据）按钮，在"创建 XY 数据"对话框里选择"ODB 历程变量输出"，点击"继续"按钮，按住 Ctrl 键，在打开的"历程输出"对话框里依次选择"Reaction force：RF-3"和"Spatial displacement：U3"，单击"另存为"按钮，"保存操作"选择"as is"，点击"确定"按钮。再次单击 ▦（创建 XY 数据）按钮，选择"操作 XY 数据"，对话框右边"运操作符"选择"combine(X,X)"，然后依次双击"XY 数据"中的"U3、RF-3"，点击下方的"绘制表达式"，即可绘制出"位移-载荷"曲线，如图 4-4 所示。

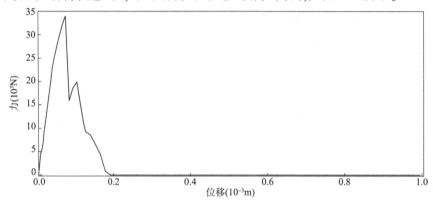

图 4-4　单轴压缩试验"位移-载荷"曲线

11. 仿真结果分析

如图 4-3c）所示，混凝土试样的破裂呈纵向和剪切的混合模式，与实际单轴压缩试验以纵向破裂为主的模式有一定差异，可能是受加载速度偏大（0.01m/s）的影响。如图 4-4 所示，载荷首先随位移线性增大至约 22.5kN，此时试样处于弹性阶段；之后载荷继续增大但曲线斜率有所减小，进入塑性损伤阶段；峰值载荷约为 34kN，换算得到单轴抗压强度仿真值约为 17.3MPa，与理论值 20MPa 的相对误差为 13.5%；峰值过后，曲线迅速跌落，说明试样发生宏观破裂，经过一段微弱抬升后再次跌落直至 0，试样完全破裂，丧失承载能力。从仿真结果看，仿真效果与试验结果基本一致，说明了采用有限元方法开展单轴压缩过程数值模拟的合理性，但二者也存在一定的差异，这与本构模型选取和参数设置、加载速度设置等多项因素有关，需要在实际研究中进行多次迭代调试。

第二节　巴西劈裂试验的数值仿真

一、巴西劈裂试验数值仿真设计

单轴压缩试验的数值仿真方法同样适用于巴西劈裂问题，一般采用完全相同的方法和材料同步开展单轴压缩和巴西劈裂试验的数值仿真。

二、巴西劈裂试验数值建模与仿真分析

1. 模型描述

如图 4-5 所示，混凝土试样为标准圆柱体，直径和高度分别为 50mm 和 50mm；两块加载

平板的尺寸为 70mm×25mm；底部平板被完全固定，顶部平板竖直向下加载 1mm 位移；混凝土基本材料参数如表 4-1 所示。本例的单位为 m、N、s、Pa、kg/m³。

2. 几何建模

（1）启动 ABAQUS/CAE，创建一个新的模型，命名为 Brazilian splitting，保存模型为 Brazilian splitting.cae。

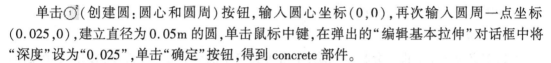

图 4-5　巴西劈裂模型

（2）创建混凝土部件。进入部件模块，单击工具箱中的 按钮，弹出"创建部件"对话框，在"名称"中输入"concrete"，将"模型空间"设为"三维"、"类型"设为"可变形"，再将"基本特征"中的"形状"设为"实体"、"类型"设为"拉伸"、"大约尺寸"设为"0.5"，单击"继续"按钮，进入草图环境。

单击 按钮，输入圆心坐标（0,0），再次输入圆周一点坐标（0.025,0），建立直径为 0.05m 的圆，单击鼠标中键，在弹出的"编辑基本拉伸"对话框中将"深度"设为"0.025"，单击"确定"按钮，得到 concrete 部件。

单击工具栏中的"工具"→"集"→"创建"，在弹出的"创建集"对话框中将"名称"设为"concrete"，"类型"设为"几何"，点击"继续"按钮，框选整个混凝土部件，点击鼠标中键完成 concrete 集的创建。

（3）创建平板部件。单击工具箱中的 按钮，弹出"创建部件"对话框，在"名称"中输入"plate"，将"模型空间"设为"三维"、"类型"设为"离散刚性"，将"基本特征"中的"形状"设为"壳"、"类型"设为"平面"、"大约尺寸"设为"0.5"，单击"继续"按钮，进入草图环境。

单击 按钮，依次输入（0.035,0.0125），（-0.035,0.0125），（-0.035,-0.0125），（0.035,-0.0125），（0.035,0.0125），单击鼠标中键，建立 0.07m×0.025m 的矩形，依次单击鼠标中键，完成 plate 部件的创建。

单击工具栏中的"参考点"按钮，点击 plate 的中心点作为参考点 RP，完成 plate 参考点的建立。

3. 创建材料和截面属性

（1）创建材料。材料参数设置与上述的单轴压缩试验数值仿真相同。

（2）创建截面属性。单击工具箱中的 按钮，在"创建截面"对话框中，将"名称"设为"Section-concrete"，将"类别"设为"实体"、"类型"设为"均质"，单击"继续"按钮，进入"编辑截面"对话框，"材料"选择"Material-concrete"，单击"确定"按钮，完成截面的定义。

（3）赋予截面属性。部件选择 concrete，单击 按钮，取消勾选提示栏中的"创建集合"按钮，选中整个部件 concrete 模型，单击鼠标中键，在弹出的"编辑截面指派"对话框中，"截面"选择"Section-concrete"，单击"确定"按钮，把截面属性赋予部件 concrete。

4. 定义装配件

（1）建立装配体。进入装配模块，单击工具箱中的 按钮，按住 Shift 键依次选中部件 plate 和 concrete，在"实例类型"栏选择"非独立（网格在部件上）"，单击"确定"按钮。

（2）调整装配体位置。单击工具箱中的 按钮，选取 plate 部件，单击鼠标中键,输入点(0,0,0),单击鼠标中键,再次输入(0,0.025,0.0125),点击"确定"按钮;单击工具箱中的 ▦(旋转实例)按钮,选取刚移动的 plate 部件,单击鼠标中键,输入点(0.035,0.025,0.0125),单击鼠标中键,再次输入(−0.035,0.025,0.0125),单击鼠标中键,"转动角度"设为"90",单击鼠标中键,点击"确定"按钮;单击工具箱中的 ▦(线性阵列)按钮,选中 plate 部件,方向 1 中的"个数"设为"1",方向 2 中的"个数"设为"2","偏移"设为"0.05",点击 ▦(翻转)按钮,再点击"确定"按钮完成装配。

(3)创建集。选择 Y 轴正方向的平板为上压板。单击工具栏中的"工具"→"集"→"创建",在弹出的"创建集"对话框中,将"名称"设为"Set-top","类型"设为"几何",点击"继续"按钮,选取上压板 plate 的参考点,点击鼠标中键完成该集的创建;再次进行同样操作,选取下压板的参考点为集"Set-bottom"。

5. 设置分析步

(1)定义分析步。进入分析步模块,单击工具箱中的 ▦(创建分析步)按钮,在弹出的"创建分析步"对话框中选择"通用:动力,显示",点击"继续"按钮。在弹出的"编辑分析步"对话框中,设置"时间长度"为"0.1","几何非线性"设为"开";打开"质量缩放"选项卡,点击"使用下面的缩放定义"下的"创建"按钮,在弹出的"编辑质量缩放"对话框中,将"类型:按系数缩放"设为"100","Scale to 目标时间增量步 of"设为"1e-07",点击"确定"按钮,其他参数均保持默认设置,再次点击"确定"按钮,完成分析步定义。

(2)设置场变量输出。单击工具箱中的 ▦(场输出管理器)按钮,选择其中的"F-Output-1",单击"编辑"按钮,在弹出的"编辑场输出请求"对话框中设置"间隔"为"100",其他参数保持默认设置,单击"确定"按钮,完成输出变量的定义。

(3)设置历程变量输出。单击工具箱中的 ▦(历程输出管理器)按钮,选择"H-Output-1",单击"编辑"按钮,在弹出的"编辑历程输出请求"对话框中设置"间隔"为"200",其他参数保持默认设置,单击"确定"按钮;单击"创建"按钮,"名称"设为"U-RF",点击"继续"按钮,"作用域"设为"集,Set-top"、"频率"设为"均匀时间间隔"、"间隔"设为"200","输出变量"选择"RF2、U2",其他参数保持默认设置,单击"确定"按钮,完成输出变量的定义。

6. 接触设置

(1)定义接触。进入相互作用模块,单击 ▦(创建相互作用属性)按钮,"类型"设为"接触",点击"继续"按钮,在"编辑接触属性"对话框选取"力学"→"切向行为","摩擦公式"设为"罚","摩擦系数"设为"0.1",再选取"力学"→"法向行为","压力过盈"设为"'硬'接触",其他参数默认不变,单击"确定"按钮。单击 ▦(创建相互作用)按钮,使用默认命名 Int-1,"分析步"选择"Initial","可用于所选分析步的类型"设为"通用接触(Explicit)",单击"继续"按钮。在"编辑相互作用"对话框中,"接触领域"选择"全部∗含自身","属性指派"→"接触属性"→"全局属性指派"栏选择"IntProp-1",单击"确定"按钮。

(2)定义"离散刚性"的质量。单击工具栏中的"特殊设置"→"惯性"→"创建","类型"选择"点质量/惯性",点击"继续"按钮,质量/惯性点选择参考点 RP,在弹出的"编辑惯量"对话框中,将"各向同性"设为"1","转动惯量"设为"I11:0.1、I22:0.1、I33:0.1",单击"确定"按钮。

7. 定义边界条件和载荷

进入载荷模块。单击工具箱中的 按钮,在"创建边界条件"对话框中设置边界条件"名称"为"BC-1"、"分析步"为"Initial"、边界条件"类别"为"力学"、"可用于所选分析步的类型"为"对称/反对称/完全固定",单击"继续"按钮。选择提示栏中的集"Set-bottom",在"编辑边界条件"对话框中选择"完全固定"单选按钮,点击"确定"按钮,约束所有自由度。

再次单击工具箱中的 按钮,在"创建边界条件"对话框中设置边界条件"名称"为"BC-2"、"分析步"为"Step-1"、边界条件"类别"为"力学"、"可用于所选分析步的类型"为"位移/转角",单击"继续"按钮。选择提示栏中的集"Set-top",在"编辑边界条件"对话框中设置"U1:0、U2:-0.001、U3:0、UR1:0、UR2:0、UR3:0",点击 按钮,"名称"设为"Amp-1","类型"选择"平滑分析步",点击"继续"按钮,在第一栏输入"时间/频率:0,幅值:0",在第二栏输入"时间/频率:0.1,幅值:1",单击"确定"按钮,"幅值"选择"Amp-1",单击"确定"按钮,完成边界条件定义。

8. 划分网格

在网格模块,对 plate 部件和 concrete 部件划分网格。

(1) plate 部件划分网格。

单击工具箱中的 按钮,在弹出的"全局种子"对话框中,"尺寸控制"栏的"近似全局尺寸"设为"0.007",其他参数默认不变,点击"确定"按钮。

单击工具箱中的 按钮,弹出"网格控制属性"对话框,在"单元形状"选项中选择"四边形",采用"自由"网格技术,其他参数默认不变,单击"确定"按钮,完成控制网格划分选项的设置。

单击工具箱中的 按钮,弹出"单元类型"对话框,"单元库"设为"Explicit","簇"设为"离散刚体单元",其他参数保持默认设置,单击"确定"按钮。

单击工具箱中的 按钮,单击提示区中的"是"按钮,完成网格划分,如图 4-6 所示。

图 4-6 plate 网格绘制完成效果

单击工具箱中的 按钮,框选整个 plate 部件,单击"完成"按钮。弹出"检查网格"对话框,打开"形状检查"选项卡,单击"高亮"按钮,在消息栏提示检查信息;再打开"分析检查"选项卡,单击"高亮"按钮,没有显示任何错误或警告信息。

(2) concrete 部件划分网格。

首先将混凝土部件进行拆分,便于网格的划分。单击工具箱中的 按钮,选择"垂直于边",选取图 4-7 所示的边,并选择边上的一点,单击鼠标中键。再次框选整个 concrete 部件,单击鼠标中键,选择"垂直于边",并选择边上的一点,单击鼠标中键完成切割。

单击工具箱中的 按钮,在弹出的"全局种子"对话框中,"尺寸控制"栏的"近似全局尺寸"设为"0.001",其他参数默认不变,点击"确定"按钮。

单击工具箱中的 按钮,弹出"网格控制属性"对话框,在"单元形状"选项中选择"六面体",采用"结构"网格技术,其他参数默认不变,单击"确定"按钮,完成控制网格划分选项的设置。

单击工具箱中的▇(指派单元类型)按钮,框选整个 concrete 部件,单击鼠标中键,弹出"单元类型"对话框,"单元库"设为"Explicit","簇"设为"三维应力",几何阶次设置为"线性",单元形状设为"六面体",单元类型设为"减缩积分","运动裂纹"设置为"平均应变","单元控制属性"栏下的"单元删除"设为"是",其他参数保持默认设置,单击"确定"按钮。

单击工具箱中的▇(为部件划分网格)按钮,单击提示区中的"是"按钮,完成网格划分,如图 4-8 所示。

图 4-7　混凝土部件拆分　　　　　　　　图 4-8　concrete 网格绘制完成效果

单击工具箱中的▇(检查网格)按钮,框选整个 concrete 部件,单击"完成"按钮。弹出"检查网格"对话框,打开"形状检查"选项卡,单击"高亮"按钮,在消息栏提示检查信息;再打开"分析检查"选项卡,单击"高亮"按钮,没有显示任何错误或警告信息。

9. 提交分析作业

进入作业模块,单击工具箱中的▇(创建作业)按钮,弹出"创建作业"对话框,在"名称"中输入"Job-1",单击"继续"按钮,弹出"编辑作业"对话框,打开"并行"选项卡,"使用多个处理器"可根据自己电脑的 CPU 核数来设置,以此来提高模型的计算速度,其他参数保持默认设置,单击"确定"按钮,完成作业的创建。同时点击工具栏中的▇(保存模型数据库)按钮进行模型的保存。

单击"数据检查"按钮,可进行模型的检查,若报错,点击"监控"按钮进行错误检查;若未报错,点击"提交"按钮,进行模型的正式计算,同时可点击"监控"按钮查看进度。

10. 后处理

作业分析完成后,单击"结果"按钮,进入可视化功能模块。

(1)显示未变形图。进入可视化模块,单击工具箱中的▇(绘制未变形图)按钮,视图区中显示出模型未变形时的轮廓图,如图 4-9a)所示。单击▇(通用选项)按钮,将"基本信息"选项栏中的"可见边"设置为"特征边",可隐藏掉网格,显示实体模型,如图 4-9b)所示。

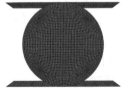  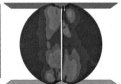

a) 未变形图-网格　　　　b) 未变形图-实体　　　　c) 变形图

图 4-9　巴西劈裂试验仿真结果

(2)显示变形图。单击 按钮,显示出变形后的实体模型,如图 4-9c)所示。

(3)绘制"位移-载荷"曲线。单击 ![icon](创建 XY 数据)按钮,在"创建 XY 数据"对话框里选择"ODB 历程变量输出",点击"继续"按钮,按住 Ctrl 键,在打开的"历程输出"对话框里依次选择"Reaction force:RF-2"和"Spatial displacement:U2",单击"另存为"按钮,"保存操作"选择"as is",点击"确定"按钮。再次单击 ![icon](创建 XY 数据)按钮,选择"操作 XY 数据",对话框右边"运操作符"选择"combine(X,X)",然后依次双击"XY 数据"中的"U2、RF-2",点击下方的"绘制表达式",即可绘制出"位移-载荷"曲线,如图 4-10 所示。

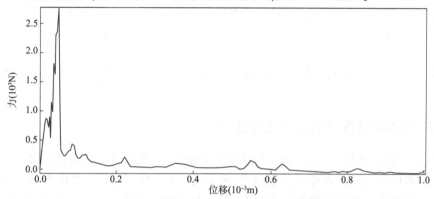

图 4-10　巴西劈裂试验"位移-载荷"曲线

11. 仿真结果分析

由图 4-9c)可知,试样呈两端接触点压溃、中部劈裂破坏模式,与试验一致。由图 4-10 可知,峰值压力约为 2.8kN,换算得到巴西劈裂抗拉强度约为 1.4MPa。

思考题

1. 参照本章案例,分析加载速度对混凝土强度和破坏模式的影响。

2. 基于 ABAQUS 软件,使用 Drucker-Prager 本构模型和 Mohr-Coulomb 本构模型仿真混凝土单轴压缩和巴西劈裂过程。

3. 基于 ABAQUS 软件,使用光滑粒子流体动力学方法,仿真混凝土单轴压缩和巴西劈裂过程。

4. 基于 ABAQUS 软件,使用内聚力模型(cohesive zone model,CZM),仿真混凝土单轴压缩和巴西劈裂过程。

第五章　石料破碎和筛分设备作业过程数值仿真

无论是用于铺筑黑色路面的沥青混合料,还是用于修建楼房、桥梁、隧道以及白色路面的水泥混凝土物料,都少不了级配石料作为其集料。工程中,一般将通过爆破开采出来的天然石料进行破碎和筛分,以备后续使用,如制成混凝土制备所需的级配石子。本章聚焦石料破碎、筛分设备及其作业过程,通过数值仿真方法分析石料破碎和筛分效果。

第一节　石料破碎和筛分设备基本结构及工作原理

一、石料破碎设备的结构与工作原理

石料破碎设备,又称破碎机,是对石料施加机械力,以克服其内聚力,使之破碎成小颗粒的机械。破碎机所施加的力可以是弯曲力、劈裂力、挤压力、冲击力、剪切力等,一般破碎机大多综合了两种或两种以上的机械力。对于高硬度物料,宜采用综合劈裂和弯曲作用的破碎机;对于塑性和脆性物料,宜采用综合劈裂和冲击作用的破碎机;对于韧性和黏性物料,宜采用综合碾磨和挤压作用的破碎机。常见的破碎机有圆锥式破碎机、颚式破碎机、辊式破碎机、冲击式破碎机等。

1. 圆锥式破碎机

圆锥式破碎机是一种压缩型破碎机,如图 5-1 所示,主要用于各种硬度石料的中碎和粗碎,具有破碎比大、生产效率高、功率消耗低、碎石产品粗度均匀等优点。圆锥式破碎机的工作机构由两个同方向位置的圆锥组成,外锥体为固定圆锥体,内锥体为活动圆锥体,活动锥的中心轴与固定锥的中心轴有一定的偏角,工作时活动锥做偏心运动,活动锥和固定锥的间距呈周期性变化,当活动锥靠近固定锥时,石料受到挤压而发生碎裂;当活动锥离开固定锥时,碎石从下方排出。圆锥式破碎机工作过程连续,活动锥持续运转,破碎与排料作业同时进行。

2. 颚式破碎机

颚式破碎机如图 5-2 所示,其工作部分由固定颚板和可动颚板组成。可动颚板呈周期性摆动,并靠近固定颚板时,对破碎腔中的石料产生挤压作用进而将石料破碎。固定颚板和可动颚板上的破碎表面具有锯齿,因此,其对石料也有劈碎和折碎作用。颚式破碎机通过两板间隙减小来压碎物料,因而生产的针片状集料往往含量较大,所以

图 5-1　圆锥式破碎机

《公路沥青路面施工技术规范》(JTG F40—2004)规定,颚式破碎机仅能用于一级破碎,即将大块物料破碎为较大块物料,而不得用于二级破碎,以防针片状集料含量过大。

图 5-2 颚式破碎机

3. 辊式破碎机

辊式破碎机如图 5-3 所示,主要通过特殊耐磨齿辊高速旋转对石料进行破碎,两辊轮间楔形调节装置的顶端装有调节螺栓,使两轮的间隙变大或者变小,进而改变碎石粒径,也可通过增加或者减少垫片来控制碎石粒径。光面辊挤压破岩,齿辊劈裂和挤压协同破岩。

4. 冲击式破碎机

冲击式破碎机如图 5-4 所示,其工作机理为借助破碎机内部构件的旋转将石块甩起,实现石块和壁板的撞击以及石块和石块之间的碰撞,从而使石块发生冲击破碎。冲击式破碎机适用于破碎脆性材料,如石灰石等。

图 5-3 辊式破碎机

图 5-4 冲击式破碎机

二、石料筛分设备的结构与工作原理

从采石场开采出来的或经过破碎的石料是颗粒大小不均匀的混合物,含有不同的成分和杂质。在加工石料的过程中,必须按颗粒的大小进行分级,并从材料中去除杂质。分级可在带有一定尺寸的孔的平面或曲面上进行,所用的机械称为筛分设备。筛分设备主要用于各种碎石料的分级,以及脱水、脱泥等作业。在石料生产中,筛分设备常与各种破碎机配套使用,组成联合破碎筛分设备。另外,筛分设备也可用于沥青混凝土和水泥混凝土搅拌。利用筛分设备将不同粒径的混合物按粒径大小进行分级的作业称为筛分作业。根据在碎石生产中的作用,筛分作业可分为辅助筛分和选择筛分两种类型,辅助筛分又分为预先筛分和检查筛分两种形式,预先筛分设在石料进入破碎机之前,检查筛分通常设在破碎作业之后;选择筛分一般设置在破碎作业之后,也可用于除去杂质。

筛分设备按是否运动分为固定筛和活动筛两种。固定筛按筛网形式分为固定格筛、弧形筛和旋流筛。在使用时安装成一定的倾角,使石料在其自重的垂直分力作用下,克服筛面的摩擦阻力,并在筛面上移动分级。固定筛主要用于预先粗筛,在石料进入破碎机或下级筛分机前筛出超大粒径的石料。活动筛按传动方式的不同又分为滚筒筛和振动筛等。振动筛又可按工作部分的运动特性分为偏心振动筛、惯性振动筛、共振筛和电磁振动筛等。振动筛是依靠机械或电磁使筛面发生振动的振动式筛分机械。

1. 偏心振动筛

偏心振动筛是靠偏心轴的转动使筛箱产生振动的。偏心振动筛的工作原理如图 5-5 所示。

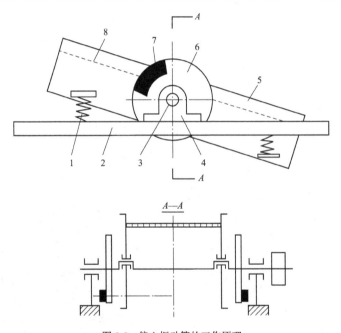

图 5-5　偏心振动筛的工作原理
1-弹簧;2-筛架;3-主轴;4-轴承座;5-筛箱;6-平衡轮;7-配重块;8-筛面

偏心振动筛的电动机通过 V 形传动带(简称"V 带")驱动偏心轴转动,偏心轴的旋转使得筛箱中部做圆周运动。由于筛箱的两端弹性地支承在筛架上,整个筛箱相对于中部偏心轴可以做一定程度的摆动。筛箱的摆动会产生很大的惯性力,这个惯性力会通过偏心轴传递到筛架上,引起筛架乃至机架的强烈振动。因此,偏心振动筛在偏心轴的两端安装了两个平衡轮,利用平衡轮上设置的配重块抵消偏心轴上的惯性力。

2. 惯性振动筛

惯性振动筛是靠固定在其中部的带偏心块的惯性振动器驱动筛箱产生振动的。按照筛子结构的不同,惯性振动筛可分为纯振动筛、自定中心振动筛和双轴直线振动筛。

(1) 纯振动筛。

纯振动筛的结构如图 5-6 所示,它由进料槽、筛箱、弹簧、筛架、激振器等组成。筛箱中装有 1~2 层筛面,筛箱用弹簧固定在筛架上。筛箱的上方装有单轴偏心激振器。电动机安装在筛架上,并通过 V 带将动力传递给激振器。

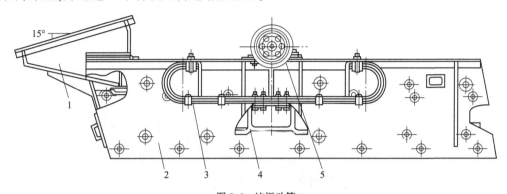

图 5-6 纯振动筛
1-进料槽;2-筛箱;3-弹簧;4-筛架;5-激振器

纯振动筛的工作原理如图 5-7 所示。当电动机通过 V 带传动使激振器的偏心块高速旋转时,激振器产生很大的惯性激振力,使筛箱产生振动,从而实现筛分作业。由于弹簧的隔振作用,机架的振动得到抑制。

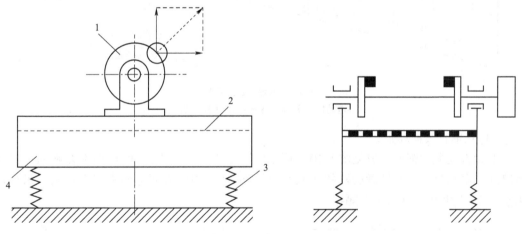

图 5-7 纯振动筛的工作原理
1-激振器;2-筛面;3-弹簧;4-筛箱

(2) 自定中心振动筛。

自定中心振动筛如图 5-8 所示。单轴激振器固定在筛箱的上方,筛箱用弹簧、吊杆固定在机架上。电动机安装在机架上,其动力通过 V 带传到激振器上。

图 5-9 所示为自定中心振动筛的工作原理。自定中心振动筛与纯振动筛的不同之处在于:自定中心振动筛在筛箱振动过程中,其带轮能保持自身中心线不动;在结构上,纯振动筛的带轮与轴同心安装,而自定中心振动筛带轮几何中心与轴孔中心不同心,有一偏心距 A。当激振器偏心轴旋转时,筛箱与带轮上的配重块均绕带轮中心做圆周运动,在一定条件下,

可使它的质量中心线与带轮中心线重合,从而使带轮中心线基本保持不变。

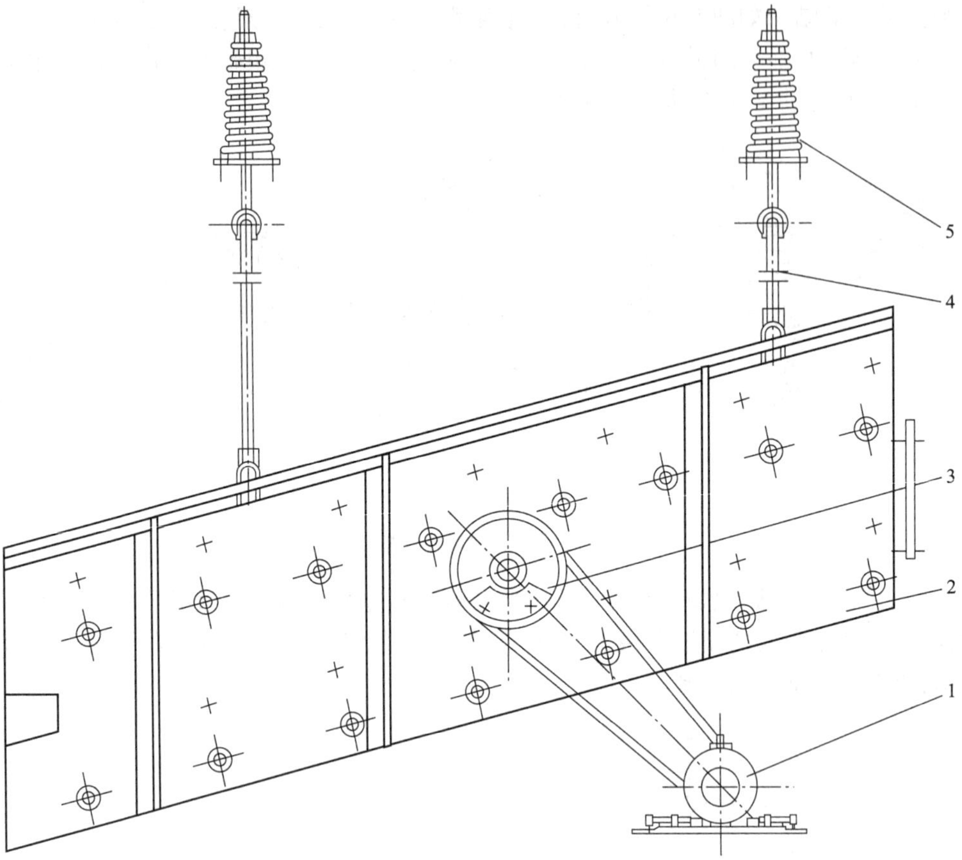

图 5-8 自定中心振动筛
1-电动机;2-筛箱;3-激振器;4-吊杆;5-弹簧

（3）双轴直线振动筛。

双轴直线振动筛的构成见图 5-10。筛箱由双轴激振器实现振动,使集料在筛面上滚动或跳跃。电动机驱动双轴激振器的两偏心块转动,产生固定方向上的直线振动力。吊杆用来悬挂筛箱,并用弹簧对机架隔振。

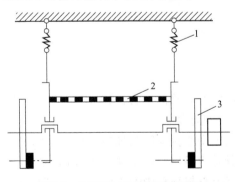

图 5-9 自定中心振动筛的工作原理
1-弹簧;2-筛面;3-激振器

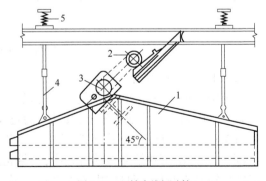

图 5-10 双轴直线振动筛
1-筛箱;2-电动机;3-双轴激振器;4-吊杆;5-弹簧

第二节 石料破碎过程数值仿真

一、石料破碎过程数值仿真设计

在离散元建模的过程中,材料参数的设置是一个关键的环节。模型参数是数值模拟的重要基础,对颗粒的运动以及系统整体的宏观行为有着重要的影响。

以圆锥式破碎机为例仿真石料破碎过程,在破碎过程中主要研究圆锥式破碎机的定锥、动锥运动以及物料的运动情况,所以在建立圆锥式破碎机几何实体模型时,需做相应的简化,仅对与石料直接接触的定锥和动锥进行建模,以便提高仿真运算的速度,降低仿真运算时出现错误的可能性。石料破碎过程仿真模型的关键问题有两个:第一,动锥偏心运动的设置;第二,岩石材料的表征方法。石料破碎仿真要模拟出石料破裂进而破碎成小块的过程,因此离散元方法较为合适,可以采用 SPH 和 CZM 方法。如果采用有限元方法,则不能采用常规的单元失效删除方法来模拟石料破裂。本节采用 SPH 方法进行圆锥式破碎机石料破碎过程数值仿真。

二、石料破碎过程数值建模与仿真分析

1. 模型描述

图 5-11 圆锥式破碎机模型

如图 5-11 所示,破碎锥半径是 450mm,动锥的偏心旋转速度是 190r/min,破碎机破碎锥的底角是 40°,破碎腔出料口的有效旋摆行程是 40mm,破碎腔的闭边出料口宽度是 15mm,破碎腔的平行区长度是 75mm。石料的尺寸为 50mm×50mm×50mm,圆锥式破碎机的定锥为固定约束。动锥材料为合金钢,杨氏模量为 $2.1×10^5$ MPa,密度为 $7.8×10^{-9}$ t/mm³,泊松比为 0.3。石料是一种非线性材料,具体参数如表 5-1 所示。本例的单位为 mm、N、s、MPa、t/mm³。

石料具体参数　　　　表 5-1

物理量名称	杨氏模量 （MPa）	泊松比	密度 （t/mm³）	摩擦角 （°）	膨胀角 （°）	流应力比	断裂应变
数值	$1.75×10^4$	0.25	$2.6×10^{-9}$	55	10	0.778	0.006

2. 几何建模

（1）启动 ABAQUS/CAE,创建一个新的模型,命名为 Shiliaoposui,保存模型为 Shiliaoposui.cae。

（2）创建动锥部件。进入部件模块,单击工具箱中的 按钮,弹出"创建部件"对话框,在"名称"中输入"dongzhui",将"模型空间"设为"三维"、"类型"设为"可变形",

再将"基本特征"中的"形状"设为"实体"、"类型"设为"旋转"、"大约尺寸"设为"2000",单击"继续"按钮,进入草图环境。

单击 (创建线)按钮,依次输入(0,0),(450,0),(120,280),(80,345),(40,345),(40,460),(0,460),(0,0),单击鼠标中键,形成一个封闭的环路。单击鼠标中键,在弹出的"编辑旋转"对话框中,将"角度"设为"360",单击"确定"按钮,得到dongzhui部件。

(3)创建定锥部件。单击工具箱中的 (创建部件)按钮,打开"创建部件"对话框,在"名称"中输入"dingzhui",将"模型空间"设为"三维"、"类型"设为"离散刚性",将"基本特征"中的"形状"设为"壳"、"类型"设为"旋转"、"大约尺寸"设为"2000",单击"继续"按钮,进入草图环境。

单击 (创建线)按钮,依次输入(200,460),(0,460),(0,0),(505,0),(430,65),单击鼠标中键;单击 (创建样条曲线)按钮,依次输入(200,460),(275,250),(350,137.5),(430,65),单击鼠标中键,形成一个封闭环路。再次单击鼠标中键,弹出"编辑旋转"对话框,设置"角度"为"360",单击"确定"按钮,完成dingzhui部件的创建。

单击 (删除面)按钮,按住Shift键选择dingzhui的顶面和底面,单击鼠标中键,删除dingzhui的顶面和底面。单击工具栏中的"参考点"按钮,输入坐标(505,0,0)作为RP,完成dingzhui参考点的建立。

(4)创建石料部件。单击工具箱中的 (创建部件)按钮,打开"创建部件"对话框,在"名称"中输入"shiliao",将"模型空间"设为"三维"、"类型"设为"可变形",将"基本特征"中的"形状"设为"实体"、"类型"设为"拉伸"、"大约尺寸"设为"100",单击"继续"按钮,进入草图环境。

单击 (创建线)按钮,依次输入(25,25),(-25,25),(-25,-25),(25,-25),(25,25),单击鼠标中键,建立50mm×50mm的矩形。单击鼠标中键,在弹出的"编辑基本拉伸"对话框中,将"深度"设为"50",单击"确定"按钮,得到shiliao部件。

3. 创建材料和截面属性

(1)创建材料。进入属性模块,单击工具箱中的 (创建材料)按钮,弹出"编辑材料"对话框,设置材料"名称"为"Material-gang",选择"通用"→"密度"选项,设置"质量密度"为"7.8e-09";选择"力学"→"弹性"选项,设置"杨氏模量"为"210000"、"泊松比"为"0.3",单击"确定"按钮。再次单击 (创建材料)按钮,弹出"编辑材料"对话框,设置材料"名称"为"Material-shiliao",选择"通用"→"密度"选项,设置"质量密度"为"2.6e-09";选择"力学"→"弹性"选项,设置"杨氏模量"为"17500"、"泊松比"为"0.25";选择"力学"→"塑性"→"Drucker Prager"选项,设置"摩擦角"为"55"、"流应力比"为"0.778"、"膨胀角"为"10",单击右上角"子选项"中的"Drucker Prager硬化",设置"硬化行为类型"为"压缩"、"屈服应力"为"37.5"、"绝对塑性应变"为"0",其余参数默认不变,单击"确定"按钮;选择"力学"→"延性金属损伤"→"剪切损伤"选项,设置"Ks"为"0",设置"断裂应变"为"0.006"、"剪应力比"为"1.5"、"应变比"为"0",单击右上角"子选项"中的"损伤演化",设置"类型"为"位移"、"软化"为"线性"、"退化"为"最大"、"破坏位移"为"0.5",依次单击"确定"按钮。

(2)创建截面属性。单击工具箱中的 按钮,在"创建截面"对话框中,将"名称"设为"Section-gang",选择"类别"为"实体"、"类型"为"均质",单击"继续"按钮,进入"编辑截面"对话框,"材料"选择"Material-gang",单击"确定"按钮;按同样步骤完成 Section-shiliao 的定义,"材料"选择"Material-shiliao",完成截面的定义。

(3)赋予截面属性。部件选择 dongzhui,单击 按钮,取消勾选提示栏中的"创建集合"按钮,选中整个部件 dongzhui 模型,单击鼠标中键,在弹出的"编辑截面指派"对话框中,选择"截面"为"Section-gang",单击"确定"按钮,把截面属性赋予部件 dongzhui。

同理,部件选择 shiliao,单击 按钮,框选 shiliao 模型,在"截面"中选择"Section-shiliao",单击"确定"按钮,把截面属性赋予部件 shiliao。

4. 定义装配件

(1)建立装配体。进入装配模块,单击工具箱中的 按钮,按住 Shift 键依次选中部件 dingzhui、dongzhui 和 shiliao,在"实例类型"栏选择"非独立(网格在部件上)",单击"确定"按钮。

(2)调整装配体位置。单击工具箱中的 按钮,选取 dongzhui 部件,单击鼠标中键,输入点(0,0,0),单击鼠标中键,再次输入(40,0,0),点击"确定"按钮;再次单击工具箱中的 按钮,选取 shiliao 部件,单击鼠标中键,输入点(0,0,0),单击鼠标中键,再次输入(0,650,70),点击"确定"按钮;点击 按钮,选中 shiliao 部件,单击鼠标中键,点击 按钮,阵列中心轴选择 Y 轴,"个数"设为"4","总角度"设为"180",单击"确定"按钮完成装配,所得装配后的模型如图 5-12 所示。

图 5-12 定义装配件

(3)创建参考点与集。单击工具栏中的"参考点"按钮,输入坐标(0,460,0)作为 RP-1,完成 dongzhui 参考点的建立。

5. 设置分析步

(1)定义分析步。进入分析步模块,单击工具箱中的 按钮,在弹出的"创建分析步"对话框中选择"通用:动力,显示",点击"继续"按钮。在弹出的"编辑分析步"对话框中,设置"时间长度"为"10","几何非线性"设为"开",点击"确定"按钮,完成分析步定义。

(2)设置场变量输出。单击工具箱中的 按钮,选择其中的"F-Output-1",单击"编辑"按钮,在弹出的"编辑场输出请求"对话框中设置"间隔"为"200",其他参数保持默认设置,单击"确定"按钮,完成输出变量的定义。

(3)设置历程变量输出。单击工具箱中的 按钮,选择"H-Output-1",单击"编辑"按钮,在弹出的"编辑历程输出请求"对话框中设置"间隔"为"200",其他参

53

数保持默认设置,单击"确定"按钮,完成输出变量的定义。

6. 接触设置

(1)定义接触。进入相互作用模块,单击 ▣(创建相互作用属性)按钮,"类型"设为"接触",点击"继续"按钮,在"编辑接触属性"对话框选取"力学"→"切向行为","摩擦公式"设为"罚","摩擦系数"设为"0.3",选取"力学"→"法向行为","压力过盈"设为"'硬'接触",其他参数默认不变,单击"确定"按钮。单击 ▣(创建相互作用)按钮,使用默认命名 Int-1,"分析步"选择"Initial","可用于所选分析步的类型"设为"通用接触(Explicit)",单击"继续"按钮。在"编辑相互作用"对话框中,"接触领域"选择"全部 * 含自身","属性指派"→"接触属性"→"全局属性指派"栏选择"IntProp-1",单击"确定"按钮。

(2)定义约束。单击 ◁(创建约束)按钮,在"类型"栏选取"刚体",单击"继续"按钮,在"编辑约束"对话框中"区域类型"栏选取"体(单元)",单击右侧的 ▷(编辑)按钮,在视图区选择 dongzhui 的几何模型,单击鼠标中键。在"编辑约束"对话框中单击"参考点"区域"点"栏后面的 ▷(编辑)按钮,在视图区选择 dongzhui 的参考点 RP-1,单击"确定"按钮。

(3)定义"离散刚性"的质量。单击工具栏中的"特殊设置"→"惯性"→"创建","类型"选择"点质量/惯性",点击"继续"按钮,质量/惯性点选择 dingzhui 的参考点 RP,在弹出的"编辑惯量"对话框中,将"各向同性"设为"1","转动惯量"设为"I11:0.1、I22:0.1、I33:0.1",单击"确定"按钮。

7. 定义边界条件和载荷

(1)创建边界条件。单击工具箱中的 ▙(创建边界条件)按钮,在"创建边界条件"对话框中设置边界条件"名称"为"BC-1"、"分析步"为"Initial"、边界条件"类别"为"力学"、"可用于所选分析步的类型"为"对称/反对称/完全固定",单击"继续"按钮。选择 dingzhui 的参考点 RP,单击鼠标中键,在"编辑边界条件"对话框中选择"完全固定"单选按钮,点击"确定"按钮,约束所有自由度。

再次单击工具箱中的 ▙(创建边界条件)按钮,在"创建边界条件"对话框中设置边界条件"名称"为"BC-2"、"分析步"为"Step-1"、边界条件"类别"为"力学"、"可用于所选分析步的类型"为"速度/角速度",单击"继续"按钮。选取 RP-1,单击鼠标中键,在"编辑边界条件"对话框中设置"U1:0、U2:0、U3:0、UR1:0、UR2:20、UR3:0","幅值"设为"(瞬时)",单击"确定"按钮。

(2)创建载荷。进入载荷模块,单击工具箱中的 ▙(创建载荷)按钮,在"创建载荷"对话框中设置边界条件"名称"为"Load-1"、"分析步"为"Step-1"、边界条件"类别"为"力学"、"可用于所选分析步的类型"为"重力",单击"继续"按钮。在弹出的"编辑载荷"对话框中,"区域"选择 4 块石料,"分量 1"设为"0"、"分量 2"设为"-9800"、"分量 3"设为"0",点击"确定"按钮。

8. 划分网格

在网格模块,对 dongzhui 部件、dingzhui 部件和 shiliao 部件划分网格。

(1) dongzhui 部件划分网格。

单击工具箱中的 ▉ (种子部件) 按钮,在弹出的"全局种子"对话框中,"尺寸控制"栏的"近似全局尺寸"设为"30",其他参数保持默认设置,点击"确定"按钮。

单击工具箱中的 ▉ (指派网格控制属性) 按钮,弹出"网格控制属性"对话框,在"单元形状"选项中选择"四面体",采用"自由"网格技术,其他参数保持默认设置,单击"确定"按钮,完成控制网格划分选项的设置。

单击工具箱中的 ▉ (指派单元类型) 按钮,框选整个 dongzhui 部件,单击鼠标中键,弹出"单元类型"对话框,"单元库"设为"Explicit","簇"设为"三维应力","几何阶次"设置为"线性",其他参数保持默认设置,单击"确定"按钮。

单击工具箱中的 ▉ (为部件划分网格) 按钮,单击提示区中的"是"按钮,完成网格划分,如图 5-13 所示。

单击工具箱中的 ▉ (检查网格) 按钮,框选整个 dongzhui 部件,单击"完成"按钮。弹出"检查网格"对话框,打开"形状检查"选项卡,单击"高亮"按钮,在消息栏提示检查信息;再打开"分析检查"选项卡,单击"高亮"按钮,没有显示任何错误或警告信息。

(2) dingzhui 部件划分网格。

单击工具箱中的 ▉ (种子部件) 按钮,在弹出的"全局种子"对话框中,"尺寸控制"栏"近似全局尺寸"设为"50",其他参数保持默认设置,点击"确定"按钮。

单击工具箱中的 ▉ (指派网格控制属性) 按钮,弹出"网格控制属性"对话框,在"单元形状"选项中选择"四边形",采用"自由"网格技术,其他参数默认不变,单击"确定"按钮,完成控制网格划分选项的设置。

单击工具箱中的 ▉ (指派单元类型) 按钮,弹出"单元类型"对话框,"单元库"设为"Explicit","簇"设为"离散刚体单元",其他参数保持默认设置,单击"确定"按钮。

单击工具箱中的 ▉ (为部件划分网格) 按钮,单击提示区中的"是"按钮,完成网格划分,如图 5-14 所示。

图 5-13 dongzhui 网格绘制完成效果

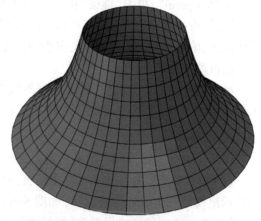
图 5-14 dingzhui 网格绘制完成效果

单击工具箱中的 ▉ (检查网格) 按钮,框选整个 dingzhui 部件,单击"完成"按钮。弹出

"检查网格"对话框,打开"形状检查"选项卡,单击"高亮"按钮,在消息栏提示检查信息;再打开"分析检查"选项卡,单击"高亮"按钮,没有显示任何错误或警告信息。

(3)shiliao 部件划分网格。

单击工具箱中的 按钮,在弹出的"全局种子"对话框中,"尺寸控制"栏"近似全局尺寸"设为"10",其他参数保持默认设置,点击"确定"按钮。

单击工具箱中的 按钮,弹出"网格控制属性"对话框,在"单元形状"选项中选择"六面体",采用"结构"网格技术,单击"确定"按钮,完成控制网格划分选项的设置。

单击工具箱中的 按钮,框选整个 shiliao 部件,单击鼠标中键,弹出"单元类型"对话框,"单元库"设为"Explicit"、"簇"设为"三维应力"、"几何阶次"设置为"线性",单元形状设为"六面体",单元类型设为"减缩积分"、"单元控制属性"栏下的"运动裂纹"设置为"平均应变"、"转换到粒子"设为"是"、"准则"设为"应变"、"阈值"设为"0.0005"、"PPD"设为"1",其他参数保持默认设置,单击"确定"按钮。

单击工具箱中的 按钮,单击提示区中的"是"按钮,完成网格划分,如图 5-15 所示。

单击工具箱中的 按钮,框选整个 shiliao 部件,单击"完成"按钮。弹出"检查网格"对话框,打开"形状检查"选项卡,单击"高亮"按钮,在消息栏提示检查信息;再打开"分析检查"选项卡,单击"高亮"按钮,没有显示任何错误或警告信息。

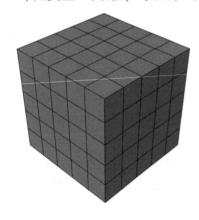

图 5-15　shiliao 网格绘制完成效果

9. 提交分析作业

进入作业模块,单击工具箱中的 按钮,弹出"创建作业"对话框,在"名称"中输入"Job-posui",单击"继续"按钮,弹出"编辑作业"对话框,打开"并行"选项卡,"使用多个处理器"可根据自己电脑的 CPU 核数来设置,以此来提高模型的计算速度,其他参数保持默认设置,单击"确定"按钮,完成作业的创建。同时点击工具栏中的 按钮进行模型的保存。

单击"数据检查"按钮,可进行模型的检查,若报错,点击"监控"按钮进行错误检查;若未报错,点击"提交"按钮,进行模型的正式计算,同时可点击"监控"按钮查看进度。

10. 后处理

作业分析完成后,单击"结果"按钮,进入可视化功能模块。

(1)显示未变形图。进入可视化模块,单击工具箱中的 按钮,视图区中显示出模型未变形时的轮廓图,如图 5-16a)所示。单击 按钮,将"基本信息"选项栏中的"可见边"设置为"特征边",可隐藏掉网格,显示实体模型,如图 5-16b)所示。

(2)显示变形图。单击 按钮,显示出破碎变形后的实体模型,如图 5-17 所示。

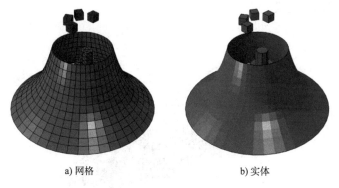

a) 网格　　　　　　　　　　b) 实体

图 5-16　石料破碎未变形图

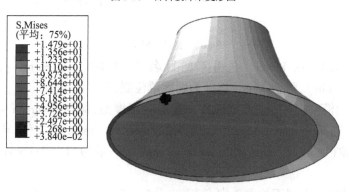

图 5-17　石料破碎变形图

第三节　石料筛分过程数值仿真

一、石料筛分过程数值仿真设计

振动筛分是一个较为简单的运动过程,主要的运动参数为振动筛的振动频率与振幅。因此,可以选择离散元软件 EDEM 开展振动筛分过程三维仿真。实际生产中的直线型振动筛分机的组成较复杂,且筛分颗粒的形状多种多样,需对振动筛分模型进行简化和设置:一是省略振动筛关键部件之外的其他部分,二是简化颗粒形状为球形。

二、石料筛分过程数值建模与仿真分析

1. 模型描述

如图 5-18 所示,振动筛网共三层,筛网尺寸由上至下分别为 1150mm×200mm、790mm×200mm、500mm×200mm,筛网孔径由上到下分别为 18mm、9mm、4.5mm,振动形式为正弦型直线往复振动,频率为 14Hz,振幅为 4mm。

2. 几何建模

EDEM 自带建模功能,但只有平面、圆柱体、立方体三种简单模型。因此对于较为复杂的振动筛,需使用专业三维建模软件,如 Pro/E 或 SOLIDWORKS 对振动筛网进行建模,而其

余简单结构使用 EDEM 建模。

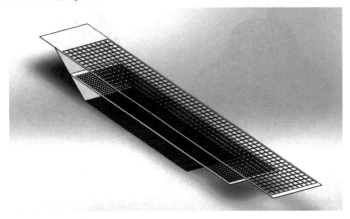

图 5-18 振动筛网模型

（1）启动 EDEM，在 Project 中输入项目名称（Title）"screening"；选择"Tools"→"Options"，选择"Units"，将各个单位选择为国际单位制、角度制。

（2）导入筛网模型。在专业建模软件中建立筛网模型，保存为 screen.stl 文件。右键点击"Geometries"，选择"Import Geometry"，选择之前保存的 screen.stl 文件，导入筛网模型。导入参数，选择单位（Units）为 mm（Millimeters），"min size"设为"1"，"max size"设为"2000"，点击"OK"按钮。

（3）在导入的"screen"下拉菜单中点击"Transform"，输入 z 的角度（Rotation）为 -10deg。

（4）箱体建模。右键点击"Geometries"，选择"Add Geometry"中的"box"选项，生成一个箱体。在该模型的下拉菜单中选择"Transform"，输入位置参数（Position），x 为 600mm，y 为 -50mm，z 为 100mm；选择"Box"控制模型尺寸，X 为 1500mm，Y 为 500mm，Z 为 200mm。

（5）储料仓建模。右键点击"Geometries"，选择"Add Geometry"中的平面（Polygon），输入位置参数，x 为 1150mm、0deg，y 为 -180mm、90deg，z 为 100mm、90deg；输入尺寸参数，边数 4、A 边长 245mm、B 边长 200mm。使用同样的方式再次插入三个面，设置第一个面的位置参数，x 为 950mm、0deg，y 为 -190mm、90deg，z 为 100mm、90deg；设置尺寸参数，边数 4、A 边长 220mm、B 边长 200mm。设置第二个面的位置参数，x 为 740mm、0deg，y 为 -195mm、90deg，z 为 100mm、90deg；设置尺寸参数，边数 4、A 边长 210mm、B 边长 200mm。设置第三个面的位置参数，x 为 25mm、0deg，y 为 175mm、90deg，z 为 100mm、90deg；设置尺寸参数，边数 4、A 边长 50mm、B 边长 200mm。

图 5-19 为振动筛几何建模的结果。

3. 创建材料和颗粒模型

（1）创建颗粒材料。右键点击"Bulk Material"，选择"Add Bulk Material"设置颗粒参数，命名为"rock"，设置物性参数（泊松比 0.25，密度 2500kg/m³，剪切模量 1×10^8 Pa，杨氏模量自动换算），接触参数（恢复系数 0.5，静摩擦系数 0.35，滚动摩擦系数 0.01），假设 aggregate 之间与 aggregate 和 steel 之间的接触参数一致，注意对两类接触分别设置。

（2）在颗粒材料中添加颗粒。右键点击颗粒材料"rock"，选择"Add Particle"；点击添加的颗粒,选择单球模型,在颗粒的参数栏输入半径(Physical Radius)为10mm;在下拉菜单中点击"Size Distribution",选择"normal"正态分布;点击"Properties",点击"Calculate Properties"按钮,计算颗粒参数。重复以上步骤,再添加两种颗粒,半径分别为6mm、2mm。注意:每次设置颗粒后都要重新计算颗粒相关参数,否则计算时就会报错。

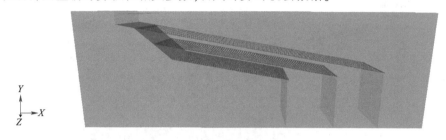

图5-19 振动筛模型

(3)创建几何模型的材料。右键点击"Equipment Material",选择"Add Equipment Material",命名为"steel",设置材料参数[泊松比(Poisson's Ratio)为0.25,密度(Solids Density)为7800kg/m³,剪切模量(Shear Modulus)为$1×10^8$Pa],点击绿色加号添加与颗粒材料的摩擦关系,设置接触参数(恢复系数0.5,静摩擦系数0.5,滚动摩擦系数0.01);检查几何模型的材料是否为所添加的材料。

4. 创建颗粒工厂

(1)添加生成颗粒的平面。右键点击"Geometries",选择"Add Geometry"→"Polygon";选择平面类型(Type)为"Virtual",选择"Transform",设置位置参数,x为80mm、90deg,y为190mm、0deg,z为100mm、0deg;设置尺寸参数,边数4、A边长100mm、B边长200mm。

(2)添加颗粒工厂。右键点击添加的平面,选择"Add Factory",颗粒总数目(Total Number)为500,颗粒生成速度[Target Number(per second)]为100个/s,材料(Material)选择"rock"。

5. 设置仿真环境与振动筛振动参数

(1)设置仿真环境。点击"Environment",计算区域(Domain)会自动计算,设置重力(Gravity)为竖直向下9.81m/s²;本案例为y方向 -9.81m/s²。

(2)设置振动筛振动参数。右键点击筛网"screen",选择"Add Motion"→"Add Sinusoidal Translation Kinematic";设置振动频率(Frequency)为12Hz,振幅(Amplitude)为4mm,振动方向为"Start:0mm、0mm、0mm""End:0mm、4mm、0mm"。

6. 保存案例

点击"File"→"Save",将案例保存。注意:保存路径不得含有中文或特殊符号。

7. 设置计算参数

(1)计算网格。保存好案例后,点击上方工具栏第二个图标"Simulator",进入计算参数设置界面,点击"Estimate Cell Size"自动计算网格大小。

(2)设置时间步长。选择时间积分(Time Integration)为"Euler",时间步长为$5×10^{-5}$s。

(3)设置计算总时长。设置计算总时长(Total Time)为10s,数据保存时间间隔(Target

Save Interval)设置为0.01s,即每隔0.01s保存一次计算数据。

8. 运行求解

确认计算参数设置无误后,点击计算按钮开始计算。图5-20所示为仿真过程。

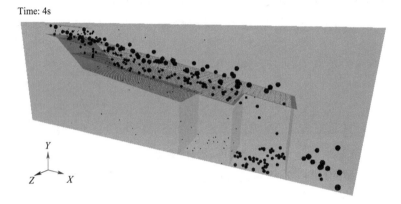

图5-20 仿真过程

9. 统计颗粒平均速度

(1)点击上方工具栏第三个图标"Analyst",进入后处理界面。

(2)点击"Create Graph",进入数据统计部分。

(3)在"Analyst Tree"中选择"line",画折线图。

(4)点击"Y-axis","Primary Attribute"选择"Velocity","Component"选择"Magnitude"和"Average"。

(5)点击最下方的"Create Graph",生成颗粒平均速度图像,如图5-21所示。

(6)右键点击图像导入数据,格式为csv,进行进一步处理。

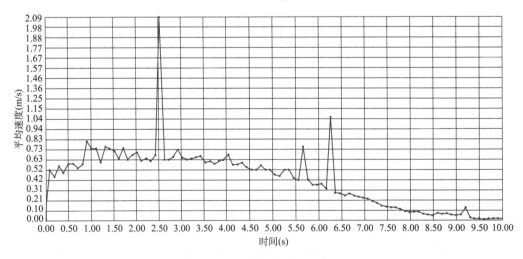

图5-21 颗粒平均速度图像

10. 振动筛分仿真分析

进行7组振动筛分数值仿真,设置振动频率分别为12Hz、13Hz、14Hz、15Hz、16Hz、17Hz、

18Hz,导出各组颗粒平均速度数据,在绘图软件中绘制出振动频率与颗粒平均速度的关系图像,如图5-22所示。

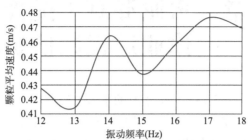

图 5-22　振动频率与颗粒平均速度的关系

由图 5-22 可得,当振动频率小于 15Hz 时,随着振动频率上升,颗粒平均速度总体呈现先减小再增大,而后减小的趋势。当频率达到 15Hz 左右时,颗粒平均速度有极小值,随后又再次增大,在频率约为 17Hz 时,颗粒平均速度有极大值。

思考题

1. 对于石料破碎和筛分设备,评价其作业性能和效率的指标有哪些?如何在数值仿真模型中考量这些指标?

2. 基于 ABAQUS 软件,使用内聚力模型,仿真冲击式破碎机破碎岩石过程。

3. 基于 EDEM 软件,仿真偏心振动筛的筛分过程。

第六章　水泥混凝土搅拌设备作业过程数值仿真

如第二章所述，水泥混凝土是当代最主要的土木工程材料之一，广泛用于楼房、路面、桥梁、隧道等工程的修建，需求量巨大。为了提升混凝土制备效率和性能，工业中一般采用大型混凝土拌和站，进行混凝土物料的场内制备，再经由搅拌运输车运送至工程现场。大型混凝土拌和站的关键核心设备为混凝土搅拌机，其结构、运转参数和物料配方直接影响着所制备混凝土的性能。本章聚焦混凝土搅拌设备及其工作过程，通过数值仿真方法分析物料搅拌效果。

第一节　混凝土搅拌机类型、特点及工作原理

一、常见的混凝土搅拌机类型与特点

1. 双锥反转出料式搅拌机

双锥反转出料式搅拌机的最大特点是正方向搅拌而反方向出料，适用于拌和塑性、半干硬性混凝土以及大集料混凝土；不适用于流动性不良、干硬性的混凝土。由于这种搅拌机的经济性较好，搅拌的质量和效果易于控制，所以应用的范围较为广泛，可以用在大部分的建筑项目及道路、桥梁工程，也能用于制作各类混凝土构件。该机械的传动方式有两种，一种是齿轮传动，另一种是摩擦传动。由于它的自身特点是反转进行卸料，所以它要解决如何在载重的情况下重新启动的问题，这个特点也使得它的容量不能太大。由此看来，搅拌筒是该设备的重点部件，搅拌筒的设计直接影响混凝土的搅拌质量、每盘拌和的产量、能耗以及其他结构的设计、传动的形式等。JZC350 型双锥反转出料式搅拌机如图 6-1 所示。

2. 双卧轴混凝土搅拌机

双卧轴混凝土搅拌机属于强制式搅拌机的一种，由传动系统、搅拌缸、搅拌轴、搅拌臂、轴端密封等组成。这种搅拌机的内部机构结合紧密，搅拌缸内部设置防止磨损的耐磨衬板；搅拌缸的下部设置卸料口，方便卸料。搅拌缸内部装有两根水平的主搅拌轴，在每根搅拌轴上分别设置搅拌臂，再在搅拌臂上装设搅拌叶片。它们之间通常呈非连续螺旋布置，常见的螺旋角度是 45°、60°。这样的结构形式便于对大集料的搅拌，同时也使

图 6-1　JZC350 型双锥反转出料式搅拌机

拌合料能够在搅拌缸内具有更好的流动空间,更易于对拌合料进行充分的搅拌。这种搅拌机主要适用于搅拌低流动性的干硬性混凝土、半干硬性混凝土、轻集料混凝土及各种砂浆。JS3000型双卧轴混凝土搅拌机如图6-2所示。

3. 单卧轴混凝土搅拌机

单卧轴混凝土搅拌机也属于强制式搅拌机中的一种。同双卧轴混凝土搅拌机一样,单卧轴混凝土搅拌机也常用于搅拌干硬性混凝土、半干硬性混凝土、轻集料混凝土及各种砂浆,主要是在建设工程中使用。这种搅拌机的出料容积范围较大,一般为350~3000L。这种搅拌机的结构特点是在搅拌臂的两侧对称布置着两个螺旋叶片,这两个螺旋叶片的旋转方向正好相反,搅拌过程中在这两叶片的推挤下搅拌物从两端被推向搅拌筒的中部。在搅拌过程中螺旋叶片一会儿向左转动一会儿向右转动,这样在旋转时带动拌合料运动,强迫拌合料进行挤压、剪切、搓动,搅拌作用十分明显。HJW60型单卧轴混凝土搅拌机如图6-3所示。

图6-2　JS3000型双卧轴混凝土搅拌机

图6-3　HJW60型单卧轴混凝土搅拌机

4. 立轴行星式搅拌机

立轴行星式搅拌机是一种立式搅拌机,主要用于碾压混凝土的搅拌,砌块和预制件的生产。其工作原理为驱动电机通过行星式减速箱传动,搅拌主机锅体内多组搅拌混合桨叶围绕搅拌主机锅体公转的同时,搅拌混合桨叶又以不同的转速围绕自身轴线自转,使搅拌主机锅体内的物料受到强烈的剪切和搓合作用,达到充分分散和混合的目的。立轴行星式搅拌机的优点是无低效区、搅拌效率高,在公转和自转的运动过程中,搅拌主机锅体中所有位置的物料都有一定的线速度,流动速度快。DMP型立轴行星式搅拌机如图6-4所示。

图6-4　DMP型立轴行星式搅拌机

二、混凝土搅拌机工作原理

混凝土搅拌机的搅拌机理有两种：自落式重力扩散机理、强制式剪切扩散机理。

自落式重力扩散机理是指将物料提升到一定高度后，利用物料自身重力的作用，让物料自由落下，由于物料下落的时间、速度、落点及滚动距离不同，物料颗粒就相互穿插、翻斗、混合而扩散均匀化。自落式搅拌机就是根据这种机理设计的，在搅拌筒内壁焊有弧形叶片，当搅拌筒绕水平轴旋转时，弧形叶片不断地将物料提升到一定高度，然后使其自由落下而相互混合。

强制式剪切扩散机理是指利用转动着的叶片强迫物料相互间产生剪切滑移，从而实现混合和扩散均匀化。强制式搅拌机就是根据这种机理设计的，在搅拌筒中装有风车状的叶片，这些不同角度和位置的叶片转动时，强制物料翻越叶片，填充叶片通过后留下的空间，使物料混合。

第二节 双卧轴混凝土搅拌机搅拌过程数值仿真

一、混凝土搅拌过程数值仿真设计

本节以双卧轴混凝土搅拌机为例仿真水泥混凝土搅拌过程。在建立搅拌机几何实体模型时，做相应的简化，仅对与混凝土物料直接接触的搅拌缸内腔、搅拌轴、搅拌臂和搅拌叶片进行建模，对搅拌机驱动系统、进出料结构等进行简化。混凝土物料的流动与混合物理过程，是典型的离散物料运动问题，因此选用离散元方法，采用离散元软件 EDEM 进行仿真研究是合理的。实际混凝土搅拌过程中，有两个方面内容难以在数值模型中完全准确地仿真。第一个是颗粒级配，由于组成混凝土的物料如石子、砂、水泥等在尺度上存在数量级的差别，石子的粒径为厘米级，砂粒径为毫米级，水泥粉料粒径为微米级，如果将其按照实际情况进行建模，则整个搅拌机中的颗粒数目将超过万亿级别，使用目前市面上通用的大型计算机基本不可能完成仿真任务；第二个是水，混凝土搅拌过程中，干物料与水混合后，会发生复杂的形态变化乃至化学反应，而这些难以在离散元方法框架下从宏观力学的层面进行表征。对于颗粒级配，一般不考虑水泥，仅对石子和砂，甚至仅对石子进行建模，这对搅拌过程中重点关注的搅拌均匀性问题的影响不显著；对于水，往往采用液桥接触模型来表征集料之间的湿接触行为，近似模拟水泥砂浆的包覆和流动效果。

二、混凝土搅拌过程数值建模与仿真分析

1. 模型描述

JS3000 型双卧轴混凝土搅拌机模型如图 6-5 所示，搅拌缸长度 2050mm、宽度 2420mm、高度 1289mm，长宽比 0.85，搅拌半径 650mm，搅拌轴中心距 1120mm。搅拌机的叶片排列形式如图 6-6 所示，双搅拌轴平行排列，搅拌臂相位角为 60°，单轴搅拌臂数量为 9，叶片安装角为 50°，叶片分为搅拌叶片和返回叶片，对于左搅拌轴，叶片 1、2、9 为返回叶片，其余为搅拌叶片；对于右搅拌轴，叶片 1、8、9 为返回叶片，其余为搅拌叶片。两搅拌轴转速均为

24.6r/min,向传动端看去,左搅拌轴逆时针旋转,右搅拌轴顺时针旋转。

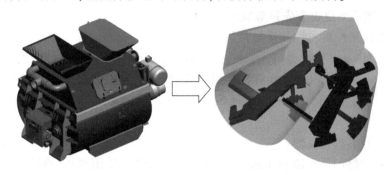

图6-5 JS3000型双卧轴混凝土搅拌机模型

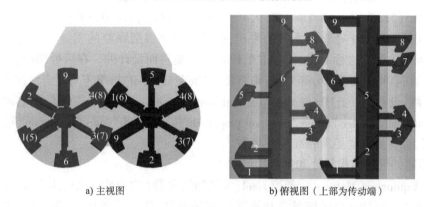

a) 主视图　　　　　　　　b) 俯视图(上部为传动端)

图6-6 JS3000型双卧轴混凝土搅拌机叶片排列形式

2. 几何建模

由三维模型图可知,实际搅拌机由上千个大小不一、结构复杂的零部件组成,其中直接影响搅拌性能的为与物料长期直接接触的零部件,包括搅拌缸、搅拌轴、搅拌臂、搅拌叶片等。仅对上述零部件建模,以简化实物模型,提高计算速度,且不影响仿真结果的准确性。使用Pro/E或SOLIDWORKS软件,按照上文所述尺寸,对搅拌缸下腔建模,形成一个封闭的空间几何形状,搅拌缸几何模型是厚度为0的抽壳模型。搅拌轴、搅拌臂和搅拌叶片一体化建模,将多个零件组装成一个零件,建模中忽略螺栓、螺栓孔等细部结构,仅保留搅拌臂和搅拌叶片的外部轮廓,且要确保外部轮廓的准确性;将零部件上的曲面在不影响搅拌效果的前提下变成直面,减少搅拌模型墙体的数目;将搅拌缸、搅拌轴、搅拌臂和搅拌叶片装配为一体,搅拌叶片与搅拌缸下腔和侧面的间隙不得大于5mm。双卧轴搅拌设备的搅拌轴间有固定的装配关系,违反该装配关系则会造成两搅拌轴的干涉,因此需对搅拌模型进行动态仿真和干涉检查。设定搅拌轴转速使其按照规定旋转,从而进行干涉与碰撞检查,主要检查搅拌叶片是否相互碰撞、搅拌叶片与搅拌缸是否碰撞。搅拌机几何模型构建、装配和检查无误后,导出STL格式文件。

3. 搅拌过程离散元数值建模与设置

(1) 新建项目,统一单位。

启动EDEM,在前处理模块(工具栏第一个图标),新建project,填写"Title"与"Description";选择"Tools"→"Options",选择"Units",将各个单位选择为国际单位制、角度制。注意:搅拌机的三维模型也要事先设置成国际单位制。

(2)新建并设置粒料属性和接触参数。

点击"Bulk Material",新建 aggregate,设置物性参数(泊松比 0.25,体密度 2500kg/m³,剪切模量 $1×10^8$ Pa,杨氏模量自动换算),接触参数(恢复系数 0.5,静摩擦系数 0.35,滚动摩擦系数 0.01),假设 aggregate 之间与 aggregate 和 steel 之间的接触参数一致,注意对两类接触分别设置。

(3)设置粒料形状和级配。

在 aggregate 材料下,新建 particle 并命名为"ball",暂不采用模板,直接用球,坐标(0,0,0),初始半径 0.001m;点击"Size Distribution",设置颗粒级配,选择"user defined"选项,半径级配系数为 5(37.5%)、6(3.1%)、7(9.4%)、15(18.1%)、30(30.3%)、40(1.6%),颗粒实际半径为初始半径与半径级配系数的乘积,括号内为该级配颗粒的质量百分比。上述级配是对实际混凝土配方进行简化,仅考虑粗砂和级配集料而设计的。在后处理时,如需要统计各级配颗粒在空间中的动态分布数据,则需要在"Bulk Material"层级下对所有级配物料进行单独建模与参数设置。点击"Properties",在"Calculate properties based on"位置处选择"Spheres",勾选"Automatically Center Particle",在"ball properties"位置处点击"Auto Calculation"和"Calculate Properties",计算并自动更新颗粒特性参数。

(4)新建并设置结构属性和接触。

点击"Equipment Material",新建 steel,设置物性参数(泊松比 0.25,体密度 7800kg/m³,剪切模量 $2.1×10^{11}$ Pa,杨氏模量自动换算),接触参数(恢复系数 0.5,静摩擦系数 0.35,滚动摩擦系数 0.01),假设 aggregate 之间与 aggregate 和 steel 之间的接触参数一致,注意对两类接触分别设置。

(5)导入搅拌机几何模型并设置运动状态和属性。

右键点击"Geometries",选择"Import Geometry",将搅拌机装配模型以 STL 格式导入 EDEM,搅拌缸、2个搅拌轴变为3个独立部件,将其重命名为搅拌缸、右轴、左轴。

点击"搅拌缸",设置搅拌缸通用属性"General:Surface、Physical、Steel、No Parent"。点击"Transform",设置搅拌缸位置。本案例模型的装配关系已在三维建模软件中设置好,因此不需要在此处额外设置,默认就可。分别点击"左轴""右轴",设置左、右搅拌轴的通用属性"General:Volume、Physical、Steel、No Parent"。

右键点击"Geometries",选择"Add Geometry",选择"Polygon",新建一多边形,将其重命名为"顶盖",设置其属性"General:Surface、Physical、Steel、No Parent"。点击"Polygon",设置边数目为4,A 边长为 0.9m,B 边长为 0.6m,与搅拌机集料入口尺寸保持一致。点击"Transform",选择"Reference Space"下的"Parent",设置"Position"下沿 X、Y、Z 方向的平移距离分别为 0m、0.44m、1.16m,回转角度均为 0,使顶盖与搅拌机集料入口位置保持一致。

右击"右轴",选择"Add Motion"→"Add Linear Rotation Kinematic",新建右搅拌轴的回转运动,设置"Start Time"为 0s、"End Time"为 9999s,表明搅拌轴运动状态在整个仿真过程中保持不变,设置"Initial Velocity"为 24.6rpm、"Acceleration"为 0deg/s²,选择"Reference

Space"下的"Local",选择"Moves with Body"选项,通过指定起止点的方式设置回转轴及转向,Start 的坐标设置为(0.56,0,0),End 的坐标设置为(0.56,1.536,0),勾选"Display Vector",根据右手定则,从传动端看右搅拌轴呈顺时针旋转。同理,右击"左轴",选择"Add Motion"→"Add Linear Rotation Kinematic",新建左搅拌轴的回转运动,除起止点外,其他设置与右搅拌轴一致,左搅拌轴的 Start 的坐标设置为(-0.56,1.536,0),End 的坐标设置为(-0.56,0,0),勾选"Display Vector",根据右手定则,从传动端看左搅拌轴呈逆时针旋转,如图 6-7 所示。

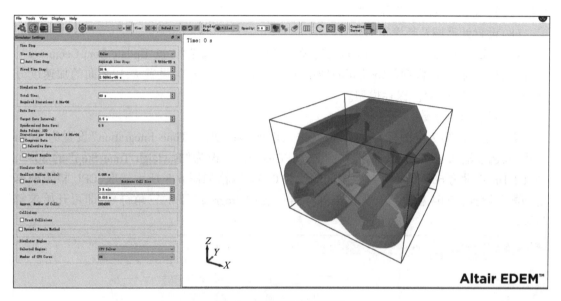

图 6-7 搅拌轴运动参数设置

(6)新建颗粒工厂。

右键点击"Geometries",选择"Add Geometry",选择"Polygon",新建一多边形,将其重命名为"颗粒工厂",设置其属性"General:Surface、Virtual、No Parent"。点击"Polygon",设置边数目为 4、A 边长为 1.5m、B 边长为 1m。点击"Transform",选择"Reference Space"下的"Parent",设置"Position"下沿 X、Y、Z 方向的平移距离分别为 0m、0.5m、0.8m,回转角度均为 0。

右键点击"颗粒工厂",选择"Add Factory",新建颗粒工厂。设置"Particle Generation"下的"Factory Type"为"dynamic",点击"Total Mass",设置物料总质量为 6400kg。在"Generate Rate"下设置物料生成速度,选择"Target Mass",自行设置生成速度为 400kg/s。"Start time"设置为 1×10^{-12} s,"Max Attempts to Place Particle"设置为 20,"Overlap Check Based on"设置为"Physical Radius"。"Parameters"下的"Material"选择第(2)步建立的"aggregate"。在后处理时,如需要统计各级配颗粒在空间中的动态分布数据,则需要为"Bulk Material"层级下的所有级配物料单独建立颗粒工厂,为避免颗粒碰撞导致颗粒生成不足,需要错开生成时间。

(7)设置接触模型。

在"Physics"下设置接触模型,颗粒与颗粒之间及颗粒与结构之间需要分别设置。在

"Interaction"下选择"Particle to Particle",点击"Edit Contact Chain",选择接触模型,"Base Model"选择考虑内聚力的"Hertz-Mindlin with JKR"模型,"Friction Model"选择"Standard Rolling Friction"模型,设置 Hertz-Mindlin with JKR 模型的"Cohesive Interactions"为"aggregate:aggregate",根据相关文献数据,设置"surface energy"为 $0.3J/m^3$。在"Interaction"下选择"Particle to Geometry",点击"Edit Contact Chain",选择接触模型,"Base Model"选择考虑内聚力的"Hertz-Mindlin with JKR"模型,"Friction Model"选择"Standard Rolling Friction"模型,设置 Hertz-Mindlin with JKR 模型的"Cohesive Interactions"为"aggregate:steel",根据相关文献数据,设置"surface energy"为 $0.3J/m^3$。

(8)设置计算域及环境重力。

点击"Environment",设置"Domain"(模型计算区域),勾选"Auto Update from Geometry",软件自动测算将几何模型包络其间的最小区域。勾选"Gravity",设置 X、Y、Z 向的加速度分别为 0、0、$-9.81m/s^2$。保存模型。

(9)设置求解参数。

点击工具栏第 2 个图标"Simulator",进入求解器模块。"Time Integration"设置为 Euler 迭代,勾选取消 Auto Time Step 选项,"Fixed Time Step"设为"Rayleigh Time Step"的 30%,"Total Time"设为 60s,数据存储时间间隔设为 0.5s,网格如图 6-8 所示选取,CPU 核数根据电脑配置设置,如 64 核并行。先点击保存,再点击"Progress"下的三角符号,即可开始求解运算。

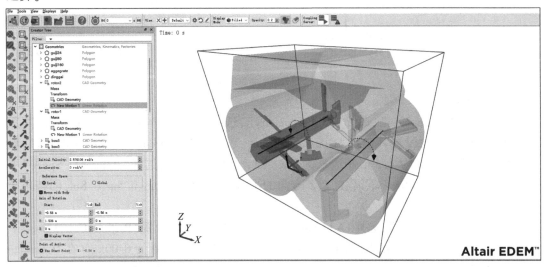

图 6-8 求解参数设置

4. 数据提取与后处理

仿真完成后,点击工具栏第 3 个图标"Analyst",进入后处理模块。下面介绍颗粒显示、动画制作、搅拌均匀性分析等后处理技术。

(1)颗粒显示。

点击工具栏第 5 个图标"3D Viewer",点击"Display"下的"Particles",勾选"Display All Particles",在"Coloring"下选择"Volume",按照颗粒体积大小赋予不同颜色,在"Levels"下设

置颜色数目并自行选择不同大小颗粒对应的颜色,勾选"Min Value"和"Max Value"下的"Auto Update"选项,并点击"Apply All"按钮,颗粒将按照上述设置显示,如图6-9所示。如果在"Coloring"下选择"Velocity",在"Representation"下选择"Vector",则可以将颗粒运动的速度场显示出来。

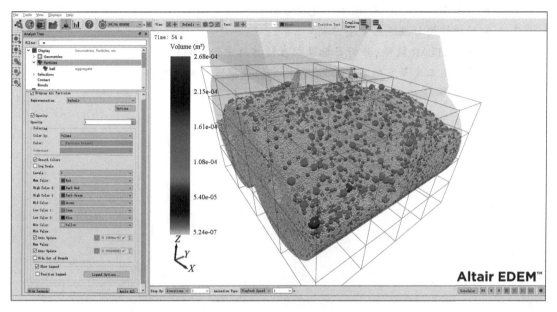

图6-9 颗粒显示

(2)动画制作。

点击屏幕正下方的"Step By"和"Animation Type",分别进行设置,随后点击屏幕右下角的圆点按钮"Record Animation",弹出动画设置界面,进行相应设置后,点击确认,关闭弹出界面,点击屏幕下方朝右侧的三角按钮"Animate forwards",开始对模型视图界面进行逐帧播放和录制,再次点击"Record Animation"按钮,动画录制结束并自动保存。

(3)搅拌均匀性分析。

搅拌均匀性是评价搅拌机性能的重要指标,为了研究搅拌均匀性,需要对各时间节点搅拌缸内部各级配颗粒在各位置的分布进行统计分析。对空间进行网格划分,右键单击"Setup Selections"→"Add Selection"→"Grid Bin Group",在下方的网格划分界面中,点击"Resize To Domain",则软件会自动计算设定的计算域(Domain)的中心点 X、Y、Z 坐标及在 X、Y、Z 方向的长度,用户也可自行设置上述数值,如颗粒主要集中在搅拌缸下部,则无须对上部进行网格划分,如图6-9所示;设置"Number of Bins"下的 X、Y、Z 值,设置 X、Y、Z 方向的网格划分数目,如 $X=5$,$Y=4$,$Z=3$,则将空间划分为60个矩形网格。

点击工具栏第6个图标"Create Graph",进入图表生成界面。选取第2个面板"Line","Group"选择"particle","Type"选择相应的级配颗粒,"Selection"选择要分析的某个网格,"X-axis"选择输出数据的时间,"Y-axis"选择要分析的指标,如颗粒质量(Mass),进行其他相应设置后,点击下方"Create Graph"按钮,则会生成所选网格中要研究的级配颗粒质量在仿真过程中的变化曲线。右键单击曲线,可将曲线数据导出为xls等格式文件,用于进一步分析。按照上述方法,可将所有网格中所有级配颗粒的质量随时间变化的数据导出,从而分析搅拌均匀性。

 思考题

1. 如果要考虑集料的形状,该如何建模分析?
2. 如何对搅拌均匀性进行定量分析?
3. 请结合 MATLAB 软件,分析目标颗粒在搅拌缸中的运动轨迹。
4. 请尝试采用二次开发的方法,对各网格中的数据进行批量导出。

第七章 沥青混合料摊铺设备作业过程数值仿真

如第二章所述,沥青混合料是路面修筑的最常用工程材料,广泛应用于各种道路的面层。以新拌沥青混合料为例,路面面层的施工顺序一般为:通过自卸车将混合料运送至现场并倾卸至摊铺机料斗中,物料经由摊铺机螺旋布料器均匀布送在下承层上,并经由振捣器、熨平板初步压实,随后由压路机压实至符合规定要求。可以说,沥青混合料摊铺设备是路面施工的关键核心装备,混合料的摊铺是关键施工作业过程,装备的结构和使用参数直接影响着路面铺筑质量。本章聚焦沥青混合料摊铺设备及其作业过程,通过数值仿真方法分析物料布料和摊铺效果。

第一节 摊铺机的功能、总体结构和工作原理

一、摊铺机的功能

随着我国高等级公路的迅速发展,对公路面层施工的质量和进度要求越来越高,采用性能好、效率高的设备进行机械化施工已成为一种必然的趋势。摊铺机能够准确保证摊铺厚度、宽度、路面拱度、平整度、密实度,因而广泛应用于公路、城市道路、大型货场、停车场、码头和机场等工程中的沥青混合料摊铺作业,也可以用于稳定材料和干硬性水泥混凝土材料的摊铺作业。其功能是将混合料按照设计技术要求(截面形状、尺寸)均匀地摊铺在下承层上,并进行初步振实。它可以大幅度降低施工人员的劳动强度,减少压路机的碾压遍数,加快施工进度,降低工程成本,提高路面的摊铺质量。

二、总体结构和工作原理

1. 总体结构

一般来说,沥青混合料摊铺机是由主机和振捣熨平装置两大部分以及连接它们的牵引臂组成的,如图7-1所示。主机主要包括柴油发动机及动力传动系统、驾驶台、履带行走装置、螺旋布料器、刮板输料器、接收料斗。主机用以提供摊铺机所需要的动力和支承机架,并接收、储存沥青混凝土混合料和输送沥青混凝土混合料给螺旋布料器。振捣熨平装置主要包括熨平板、厚度调节器、路拱调节器、加热系统、振捣器、振实机构。熨平板是对铺层材料作整形与熨平处理的基础装置,并以其自重对铺层材料进行预压实。厚度调节器为手动调节装置,用以调节熨平板底面的纵向仰角,以改变铺层的厚度。路拱调节器是一种位于熨平板中部的螺旋调节装置,用以改变熨平板底面左右两部分的横向倾角,以保证摊铺出符合给定路拱要求的铺层。加热系统用于加热熨平板的底板以及相关运动件,使之不与沥青混合料相粘连,保证铺层的平整。振捣器和振实机构则先后依次对螺旋布料器分布好的铺层材

料进行振捣和振实,予以初步密实。

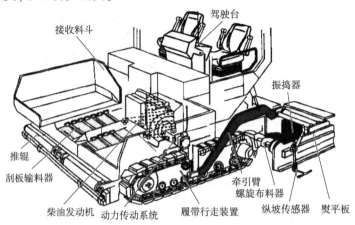

图 7-1 履带式摊铺机组成示意图

2. 工作原理

作业前,首先把摊铺机调整好,并按所铺路段的宽度、厚度、坡度等施工要求,调整好摊铺机的各有关机构和装置,使其处于摊铺准备状态;装运沥青混合料的自卸车对准接收料斗倒车,直至汽车后轮与摊铺机接收料斗前的推辊相接触,自卸车挂空挡,由摊铺机顶推其向前运行,同时自卸车车厢徐徐升起,将沥青混合料缓缓卸入摊铺机的接收料斗内;位于接收料斗底部的刮板输料器在动力传动系统的驱动下以一定的转速运转,将接收料斗内的沥青混合料连续、均匀地向后输送到螺旋布料器前通道内的下承层上。螺旋布料器则将这些沥青混合料沿摊铺机的整个摊铺宽度向左右横向输送,分摊在下承层上。分摊好的沥青混合料铺层经振捣熨平装置振捣梁的初步捣实,熨平板的再次振动预压、整形和熨平而成为一条平整的、有一定密实度的铺层,最后经压路机压实而成为合格的路面(或路面基层)。在此摊铺过程中,自卸车一直挂空挡,由摊铺机顶推着同步运行,直至车内沥青混合料全部卸完才启动离开。另一辆运料自卸车立即驶来,重复上述作业,继续给摊铺机供料,使摊铺机连续地进行摊铺作业。

螺旋布料器为摊铺机的重要工作装置,位于摊铺室,作用是将刮板输料器送来的沥青混合料沿熨平板横向布料。螺旋布料器有左右两个,旋向相反,左侧螺旋布料器为左旋,右侧螺旋布料器为右旋。如图 7-2 所示,工作时,两个螺旋布料器的转向相同,使沥青混合料向摊铺机的两侧输送。在左右螺旋布料器内侧的端头装有反向叶片,用以向中间填料,保证摊铺机熨平板的中间位置有混合料供应。

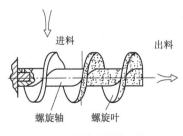

图 7-2 螺旋布料器示意图

沥青混合料摊铺机的左右螺旋布料器分别采用定量液压马达和传动机构驱动,由非接触(或接触)式料位传感器检测沥青混合料在摊铺室中的位置,以调节和控制摊铺室中料位高度,保证摊铺质量。

螺旋布料器的高度可以调节,在摊铺不同类型和不同厚度沥青混合料时,应对螺旋布料器的高度进行调节。为适应不同的摊铺要求,螺旋布料器可在几种基本长度之上加长。

若螺旋布料器输料过程使沥青混合料摊铺出现较严重的离析,路面容易在其运营早期出现病害。细集料集中的区域,缺少粗集料的骨架支撑作用,易出现车辙、推移、拥包等现象;粗集料聚集的区域,缺少细料的填充,易出现渗水、唧浆、坑槽等现象,这将降低路面的耐久性,甚至影响路面使用寿命。

第二节 EDEM 模拟沥青混合料的可行性分析

沥青混合料是典型的散体材料。离散元方法是一种专门针对颗粒离散物料的仿真分析方法,在处理散体等非连续介质力学问题上具有独特的优势,易于解决接触问题。

离散元方法将离散物料看成一个个具有质量和形状的个体,个体之间存在相互作用力和彼此间的能量的传递。离散元方法的计算过程主要依托接触模型和牛顿第二定律,接触模型主要是用于通过颗粒的自身参数和相互作用参数来计算单元间的接触作用力,牛顿第二定律是用于根据接触作用力来求解接触模型中颗粒单元的加速度、速度和位移。其中接触模型是重要基础,颗粒所受的力和力矩直接由接触模型决定。由于接触形式的不同,离散元方法可以将接触模型分为硬球接触模型和软球接触模型两种。其中硬球接触模型认为碰撞是瞬时的,只考虑两个颗粒之间的相互碰撞,适用于解决稀疏快速颗粒流问题。软球接触模型中颗粒碰撞存在时间延续性,可以在同一作用时间内考虑多个颗粒的相互碰撞作用。EDEM 中主要采用的是基于软球接触的多种接触模型,常用的接触模型有 Hertz-Mindlin(no slip)、Bonding、Hertz-Mindlin with JKR、Heat Conduction、Linear Cohesion、Linear Spring、Moving Plane 及 Tribocharging 等。Hertz-Mindlin with JKR 可以表示由范德华力引起的黏结作用。本节主要采用的是 Hertz-Mindlin with JKR 接触模型。

Hertz-Mindlin with JKR 接触模型中存在法向力、切向力、摩擦力作用。此接触模型可以简化为物理模型,如图 7-3 所示,可以假设在颗粒接触时,接触面处存在弹簧-阻尼-滑片结构,分别代表应力、阻尼力和摩擦力。

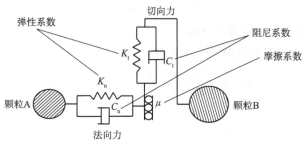

图 7-3 Hertz-Mindlin with JKR 接触模型的简化物理模型

其中,法向力包括法向力 F_n 和法向阻尼力 F_n^d,切向力包括切向力 F_t 和切向阻尼力 F_t^d,其具体计算过程如下:

设半径分别为 R_i、R_j 的两个球形颗粒发生弹性接触,其法向重叠量 α 为

$$\alpha = R_i + R_j - |\boldsymbol{a}_i - \boldsymbol{a}_j| \tag{7-1}$$

式中:$\boldsymbol{a}_i$、$\boldsymbol{a}_j$——颗粒 A 和颗粒 B 球心位置矢量。

颗粒等效半径 R^* 为

$$\frac{1}{R^*} = \frac{1}{R_i} + \frac{1}{R_j} \tag{7-2}$$

颗粒等效弹性模量 E^* 为

$$\frac{1}{E^*} = \frac{1-\mu_i^2}{E_i} + \frac{1-\mu_j^2}{E_j} \tag{7-3}$$

式中：E_i、E_j——颗粒 A 和颗粒 B 的弹性模量；
μ_i、μ_j——颗粒 A 和颗粒 B 的泊松比。

Hertz-Mindlin with JKR 接触模型重叠量 δ 为

$$\delta = \frac{\alpha^2}{R^*} - \sqrt{4\pi\gamma\alpha/E^*} \tag{7-4}$$

式中：γ——颗粒表面能量。

Hertz-Mindlin with JKR 接触模型的法向力 F_n 为

$$F_n = -4\sqrt{\pi\gamma E^*}\alpha^{\frac{3}{2}} + \frac{4E^*}{3R^*}\alpha^3 \tag{7-5}$$

设在碰撞前两颗粒的速度分别为 v_i、v_j，发生碰撞时的法向单位矢量 $\boldsymbol{n}$ 为

$$\boldsymbol{n} = \frac{\boldsymbol{r}_i - \boldsymbol{r}_j}{|\boldsymbol{r}_i - \boldsymbol{r}_j|} \tag{7-6}$$

式中：$\boldsymbol{r}_i$、$\boldsymbol{r}_j$——颗粒 A 和颗粒 B 的半径矢量。

相对速度的法向分量值 v_n^{rel} 为

$$v_n^{rel} = (v_i - v_j) \cdot \boldsymbol{n} \tag{7-7}$$

法向刚度 K_n 为

$$K_n = 2E^*\sqrt{R^*\delta} \tag{7-8}$$

当量质量 m^* 为

$$m^* = \left(\frac{1}{m_i} + \frac{1}{m_j}\right)^{-1} \tag{7-9}$$

式中：m_i、m_j——颗粒 A 和颗粒 B 的质量。

Hertz-Mindlin with JKR 接触模型的法向阻尼力 F_n^d 为

$$F_n^d = -2\sqrt{\frac{5}{6}} \cdot \frac{\ln e}{\sqrt{\ln^2 e + \pi^2}} \cdot \sqrt{K_n m^*}\, v_n^{rel} \tag{7-10}$$

等效剪切模量 G^* 为

$$G^* = \frac{2-v_i^2}{G_i} + \frac{2-v_j^2}{G_j} \tag{7-11}$$

式中：G_i、G_j——颗粒 A 和颗粒 B 的剪切模量。

切向刚度 K_t 为

$$K_t = 8G^*\sqrt{R^*\alpha} \tag{7-12}$$

Hertz-Mindlin with JKR 接触模型的切向力 F_t 为

$$F_t = -K_t\delta_t \tag{7-13}$$

式中：δ_t——切向重叠量。

Hertz-Mindlin with JKR 接触模型的切向阻尼力 F_t^d 为

$$F_t^d = -2\sqrt{\frac{5}{6}} \cdot \frac{\ln e}{\sqrt{\ln^2 e + \pi^2}} \cdot \sqrt{K_t m^*} v_t^{rel} \tag{7-14}$$

式中：v_t^{rel}——切向相对速度。

Hertz-Mindlin with JKR 接触模型的摩擦力可以通过接触表面上的力矩 T_i 来说明，其计算式为

$$T_i = -\mu_r F_n R_i \tag{7-15}$$

式中：μ_r——滚动摩擦系数；

R_i——质心到接触点间的距离。

由上述 Hertz-Mindlin with JKR 接触模型的计算过程可得以下结论：

(1) Hertz-Mindlin with JKR 接触模型基于软球接触模型，可以在计算中考虑多个颗粒之间或多个颗粒与边界之间的作用力，比较适用于摊铺机螺旋布料器中混合料与输料、布料装置之间或混合料相互之间的碰撞作用过程。

(2) 图 7-3 中的弹簧刚度、阻尼由材料的弹性模量、剪切模量、泊松比和颗粒间接触重叠量决定。这表明采用 EDEM 软件在处理实际问题时可以将材料的物理属性、颗粒大小等因素考虑进去，从而可以真实模拟沥青混合料的材料性质。

(3) Hertz-Mindlin with JKR 接触模型的计算过程中考虑了颗粒表面能量 γ，颗粒间的凝聚力可以以颗粒表面能量的形式体现在计算过程中。故采用 EDEM 软件可以真实地模拟颗粒间的黏结力，这样就可以将颗粒因沥青的裹覆作用引起的运动黏结迟滞效应考虑进去，进一步增强沥青混合料仿真结果的真实性。

(4) 在已知颗粒性质的基础上，采用 Hertz-Mindlin with JKR 接触模型可以计算出颗粒间的作用力，再由牛顿第二定律求得颗粒的加速度，积分求解得到颗粒的速度和位移，然后采用迭代算法计算颗粒每个时间步长的位置、速度、力，通过不断更新其位置得到颗粒的运动轨迹和状态。故采用 EDEM 软件可以真实地模拟沥青混合料在整个摊铺过程中的运动情况，进一步分析物料的运动规律。

综上可得：采用 EDEM 软件仿真沥青混合料输料、布料过程具有可行性。

第三节　基于 EDEM 的沥青混合料摊铺过程仿真分析

摊铺机作为一种用于高速公路路面基层和面层各种材料摊铺作业的必需施工设备，其性能和参数对摊铺后路面有重要的影响，主要是结构参数和运动参数。螺旋布料器作为摊铺机主要的部件，起着输送物料的作用，优选合适的螺径、螺距和转速等参数，以尽可能地把物料均匀摊铺到路面上，减少离析。

通过离散元软件 EDEM 对螺旋布料器的布料过程进行仿真，再现物料在螺旋布料器中的运动，并通过软件的后处理模块提取重要的数据，进一步分析不同结构参数和运动参数对布料结果的影响。

一、模型建立

采用 SOLIDWORKS 等三维软件建模。由于摊铺机左右两侧的螺旋布料器是对称结构，

建模时只建立半部分的螺旋布料器(本节以右半部分螺旋布料器为例),仿真模型见图7-4,将建好的模型另存为 IGES 或 STP 格式的文件,以便在后续的仿真过程中将三维模型成功导入 EDEM 软件中。

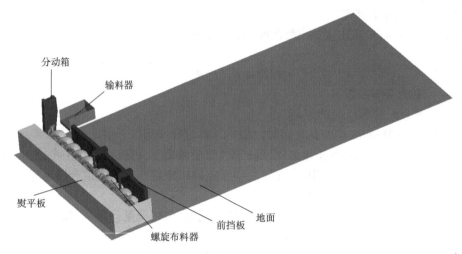

图 7-4 右半部分螺旋布料器仿真模型

二、仿真设置

(1)单位设置。

选择单位:"Tools"→"Options"。

创建模型的第一步是设定测量单位:角度(Angle)为 deg,角速度(Angular velocity)为 rpm,长度(Length)为 mm。

(2)输入模型的标题并进行描述。

模型的标题和描述将会出现在数据浏览窗口。单击"Project"标签,在"Simulation"标题区域中输入名字(如"tanpuji"),如图7-5 所示。

图 7-5 模型标题输入及描述

(3)设置接触模型。

在"Physics"部分进行接触模型和不同材料之间作用力的设置。接触模型定义了单元间发生接触后的运动规律。按照以下步骤设置接触模型:

"Interaction"选择"Particle to Particle",确保"Hertz-Mindlin with JKR"被选择,如图 7-6 所示。

"Interaction"选择"Particle to Geometry",确保"Hertz-Mindlin(no slip)"被选中,如图 7-7 所示。

(4)仿真区域和重力设置。

"Environment"中确保"Auto Update from Geometry"被选择。检查"Gravity"是否是 $9.81 m/s^2$ (需要注意方向)。

(5)定义颗粒材料属性。

模型中用到的所有颗粒都在"Bulk Material"标签中定

义,这些是基础颗粒或者是颗粒原型。

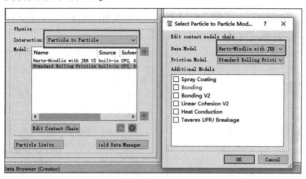

图 7-6　颗粒间接触模型

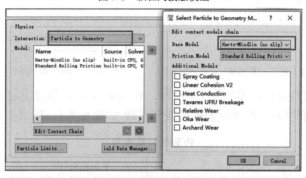

图 7-7　颗粒与实体间接触模型

创建新类型的颗粒:右击"Bulk Material",选择"Add Bulk Material",重命名为"rock"(图 7-8),并设置其密度、泊松比、剪切模量(图 7-9)。

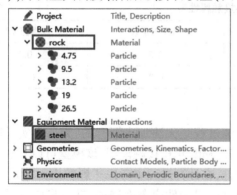

图 7-8　颗粒材料和几何体材料

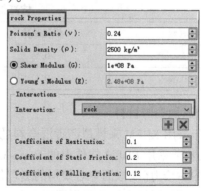

图 7-9　颗粒材料属性及接触属性设置

右击"rock",选择颗粒,选择颗粒类型,选择"Shape Library",本节选择"Single Sphere"(图 7-10),并设置其半径。在"Properties"中,确保"Auto Calculation"被选择,利用系统设定自动计算颗粒的物理属性,如质量、体积、转动惯量等。EDEM 中可以设置各种各样的颗粒形状,形状越复杂则计算所需要的时间越长,对计算机的硬件要求也越高。为了简化求解和计算过程,本节针对颗粒形状的设置全部采用球形来代替。本节共设置 5 种颗粒,粒径分别为 4.75mm、9.5mm、13.2mm、19mm、26.5mm。

77

(6)定义几何体材料属性。

右击"Equipment Material",选择"Add Equipment Material",并重命名为"steel"(图7-8),设置其密度、泊松比、剪切模量(图7-11)。

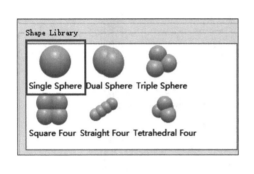

图7-10　颗粒材料形状

图7-11　几何体材料属性及接触属性设置

EDEM中材料属性参数设置如表7-1所示。在"Interaction"部分设定好材料之间的相互作用参数(表7-2),仿真材料接触属性表中的恢复系数、静摩擦系数、动摩擦系数等由试验确定。

仿真材料属性表　　　　　　　　　　　　　　　　　表7-1

材料	泊松比	剪切模量(Pa)	密度(kg/m³)
steel	0.3	7.9e+10	7800
rock	0.24	1.0e+08	2500

仿真材料接触属性表　　　　　　　　　　　　　　　表7-2

材料	恢复系数	静摩擦系数	动摩擦系数
rock-steel	0.1	0.5	0.2
rock-rock	0.1	0.2	0.12

(7)添加沥青材料。

由于采用EDEM来模拟沥青混合料的摊铺过程是无法加入沥青的,为了真实反映其黏聚现象,本节采用EDEM软件中的Hertz-Mindlin with JKR接触模型,该模型可以真实地模拟颗粒间的黏结力(模拟沥青对集料的裹覆作用),在计算过程中考虑了颗粒表面能量γ,这样就可以将颗粒因沥青的裹覆作用引起的运动黏结迟滞效应考虑进去,进一步增强沥青混合料仿真结果的真实性,通过标定试验确定颗粒表面能量为$10J/m^2$,如图7-12所示。

(8)几何体设置。

①几何体导入。

右击"Geometries",选择"Import Geometry",以IGES或STP格式导入几何体三维模型,单位选择mm,其余参数保持系统默认值,点击"OK"按钮,如图7-13所示。

利用几何体的"Merge Geometry"功能将不同功能的几何体进行组合,并分别重命名,分别设置各个几何体的材料为"steel",如图7-14所示。

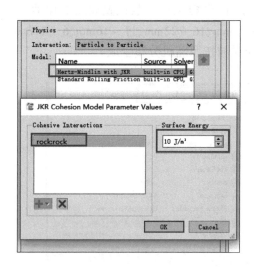

图7-12 EDEM中颗粒表面能量设置

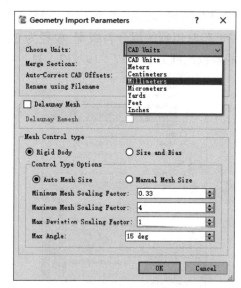

图7-13 几何体导入设置

②建立刮料板几何体。

右击"Geometries",选择"Add Geometry-polygon",重命名为"gualiaoban",并设置其尺寸参数和坐标,确保其在输料器底部(图7-15)。

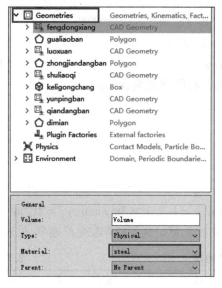

图7-14 几何体设置

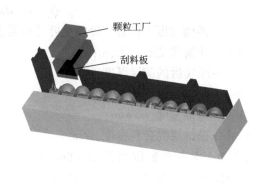

图7-15 刮料板和颗粒工厂

给"gualiaoban"添加运动,以模拟刮料板的作用,右击"gualiaoban",选择"Add Motion"→"Add Conveyor Translation",并设置其运动速度和方向,如图7-16所示。

③建立颗粒工厂几何体。

右击"Geometries",选择"Add Geometry-Box",重命名为"keligongchang","Type"设置为"Virtual"(图7-17),并设置其尺寸参数和坐标,确保其在输料器上部(图7-15)。

在EDEM仿真过程中,颗粒的生成需在"Creator Tree-Factory"中设置,主要包括颗粒数目、颗粒产生方式、颗粒产生的位置、颗粒的大小等,颗粒工厂参数设置如图7-18所示。参照现场试验时用到的混合料级配,粒径为22~28mm、16~22mm、11~16mm、6~11mm、3~6mm的颗粒比例为15∶17∶19∶17∶32。各档颗粒按照随机分布生成。

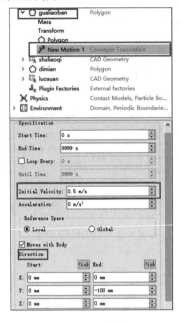

图7-16 刮料板参数设置

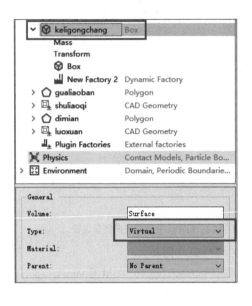

图7-17 颗粒工厂几何体设置

刮料板输送量按摊铺输送量表达式计算,见式(7-16):

$$Q_1 = 60BHcv\gamma_T \tag{7-16}$$

式中:Q_1——摊铺宽度上位置x处螺旋叶片所需混合料的输送量,t/h;

B——摊铺宽度的一半,m;

H——压实后的铺层厚度,m;

c——松铺系数;

v——摊铺速度,m/min;

γ_T——松铺层混合料密度,t/m^3。

式(7-16)中各参数取值为$B=6m$,$H=0.08m$,$c=1.2$,$v=3m/min$,$\gamma_T=2t/m^3$,代入式(7-16)可求得$Q_1=207.36t/h$。按照各档物料所占比例可得到各档颗粒生产速率,见表7-3。

各档颗粒生产速率　　　　　　　　　表7-3

粒径(mm)	26.5	19	13.2	9.5	4.75
生产速率(kg/s)	8.7	9.9	11.0	9.9	18.6

右击"keligongchang",选择"Add Factory","Factory Type"选择"Unlimited Number",并设置生产率(各档材料占比可通过"Creator Tree-Bulk Material"→"rock"→"Particle Ratios"设置),如图7-18所示。

④直线运动设置。

除了地面外,给其余单元体设置直线运动,右击某单元体,选择"Add Motion"→"Add

Linear Translation Kinematic",并设置开始摊铺的时间、摊铺速度和摊铺方向,如图 7-19 所示。

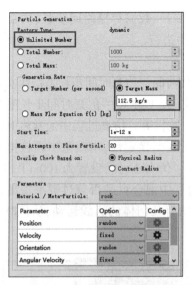

图 7-18 颗粒工厂参数设置

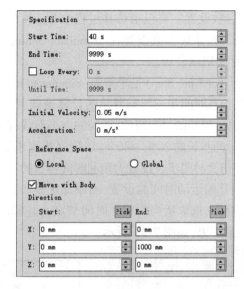

图 7-19 直线运动设置

⑤旋转运动设置。

右击"luoxuan",选择"Add Motion"→"Add Linear Rotation Kinematic",并设置时间、转速和旋转方向,如图 7-20 所示。螺旋轴旋转中心的坐标和 SOLIDWORKS 中的摊铺机螺旋布料器的中心轴旋转中心的坐标相同,在 SOLIDWORKS 中提取螺旋轴两端点的坐标,并在 EDEM 中进行旋转坐标设置。

图 7-20 旋转运动设置

三、求解参数设置

求解参数设置主要包括仿真过程中的计算时间步长、数据存储时间步长、仿真总时间和网格单元设置,求解参数设置在"Simulator Settings"中进行。

(1)时间选项设置。

时间步长(Time Step)是求解器(Simulator)的迭代时间。仿真时间步长是指两次迭代计算的时间差,仿真时间步长影响着总的计算准确度和效率。EDEM中仿真时间步长受多项因素的影响,例如:颗粒的材料属性、颗粒的大小形状、颗粒数目等。仿真过程中通常将时间步长设定为瑞利时间步长的20%~40%,以确保仿真求解过程的稳定性,本模型中颗粒排列较为紧密,因此将仿真时间步长设置为瑞利时间步长的25%。仿真总时间设置为100s(图7-21)。

其中,开始运动时间的设置,需跟踪观察布料过程中混合料是否盖过熨平板最边缘与地面之间的缝隙,选取适当的整数时间节点 t,并添加所有几何体的直线运动,从该时间 t 开始继续仿真至结束,如图7-22所示。

图7-21 仿真求解设置

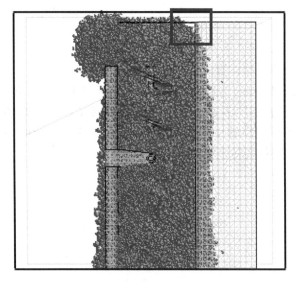

图7-22 时间节点选择

(2)数据保存设置。

数据保存间隔(Target Save Interval)根据实际需要设置,本文设置为0.5s。

(3)网格设置。

"Simulator Grid"用来设置网格大小,理想的网格边长为最小颗粒的半径的2倍,但是网格太多会造成计算机内存不足。本节设置为"5R min",确保总的网格单元数目不小于100000,点击仿真按钮进行仿真运算。

四、仿真结果分析

仿真完成后,需要对仿真结果进行提取,建议按以下步骤进行数据提取:

(1)点击"Analyst Tree",右击"Setup Selections",选择"Add Selection"→"Grid Bin

Group",在"Grid Bin Group 01"部分输入需要建立的方框尺寸,用于针对性地提取局部颗粒的分布情况(颗粒质量、颗粒数量等)。

(2)为了直观分析摊铺机摊铺沥青混合料的均匀性情况,在仿真过程中将5种粒径颗粒分别用不同的颜色表示,见图7-23。从图7-23可知,在沥青混合料的摊铺过程中,出现了不同程度的不均匀现象。可以选择"Analyst Tree"→"Add Density Sensor"→"Density Sensor Grid Bin Group",从"File"菜单中选择"Export Results Data",点击 ✚(添加),通过提取不同网格中的密度值(图7-24),进行摊铺均匀性分析。后续据此可以构建不同的三维模型,以分析不同结构参数和使用参数对摊铺均匀性的影响。此外,从"File"菜单中选择"Export Results Data",点击 ✚(添加),还可以选择需要提取的 Bond、Collision、Contact、Geometry、Particle 等数据类型(图7-25),这里因为需要分析的数据不一致,就不举例说明了。

图 7-23 不同粒径颗粒分布图

图 7-24 网格划分及密度分布图

图 7-25 仿真数据输出设置

 思考题

1. 如何获得沥青混合料摊铺过程仿真参数?请尝试进行参数标定。
2. 如何对沥青混合料摊铺均匀性进行定量分析?
3. 请尝试分析不同摊铺机螺旋布料器参数(螺旋直径、螺距等)对摊铺均匀性的影响。
4. 请尝试进行水泥稳定碎石混合料摊铺作业仿真,并对其摊铺均匀性进行定量分析。

第八章　压实设备作业过程数值仿真

压实是一种改善土壤及其他基础材料承载能力和稳定性的有效、经济的方法。进行压实基础理论研究,一般有室外和室内试验方法。室外试验费工、费时,且试验的重复性和可比性差;室内试验一般通过压路机按照标准规程压实土槽中的物料,进而分析物料的密实度、孔隙率、含水率等指标。而数值仿真方法正成为研究压实过程的又一有效手段,不仅可以提升研究效率,还可探寻更多的性能指标。本章聚焦碾压轮与土体相互作用过程,通过数值仿真方法分析土体压实效果。

第一节　振动压路机用途、构造及工作原理

一、振动压路机的用途

振动压路机通过振动载荷使压实材料处于高频振动状态,颗粒间的内摩擦力减小,这些颗粒因压路机振动轮对材料的作用力重新排列并得到压实。振动压路机作为一种应用广泛的压实机械,适宜非黏性材料、碎石、土石混合料以及各种沥青混凝土等各种路基路面的压实作业。

二、振动压路机总体构造和工作原理

振动压路机主要由发动机、传动系统、操纵系统、行走装置(振动轮和驱动轮)以及车架(整体式或铰接式)等组成。振动压路机可分为单钢轮振动压路机和双钢轮振动压路机两大类,其中单钢轮振动压路机主要用于路基压实作业,双钢轮振动压路机主要用于面层压实作业。图8-1为轮胎驱动的单钢轮振动压路机的总体构造简图,图8-2为双钢轮振动压路机总体构造简图。振动轮是振动压路机的重要部件,通过振动轮的变频、变幅来完成对土壤、碎石、沥青混合料等的压实。

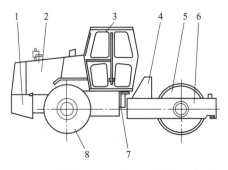

图8-1　单钢轮振动压路机的总体构造简图
1-后车架;2-发动机;3-驾驶室;4-挡板;5-振动轮;6-前车架;7-铰接轴;8-驱动轮

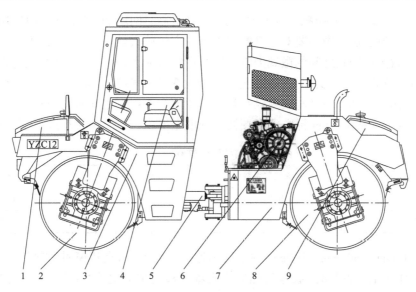

图 8-2 双钢轮振动压路机的总体构造简图
1-前水箱；2-前振动轮；3-前车架；4-驾驶室；5-铰接架；6-柴油机；7-后车架；8-后振动轮；9-后水箱

振动轮按轮内激振器的结构不同又分为偏心块式和偏心轴式。调整偏心块、偏心轴的偏心质量大小和偏心质量分布可以改变振动轮激振力和振幅的大小，以适应不同类型压实材料和不同铺层厚度的压实。振动轮的调频则是通过液压马达改变激振器转速实现的。

第二节 土壤振动压实过程数值仿真

一、土壤振动压实离散元模型

1. 离散元模型参数设置

土壤振动压实过程是典型的离散元问题，选用 EDEM 软件进行仿真。

在 EDEM 前处理模块的 Globals 中，选择颗粒-颗粒接触模型为 Hysteretic Spring，而颗粒-几何体接触模型则选用普通的 Hertz-Mindlin。重力加速度沿 Z 轴方向，大小为 $-9.81\mathrm{m/s^2}$。土壤及钢轮的材料参数如表 8-1 所示。

材料本征参数　　　　　　　　　　　　　　表 8-1

材料类型	密度（kg/m³）	泊松比	剪切模量（Pa）
土	1850	0.3	1×10^6
钢	7810	0.28	2.06×10^{11}

在定义完材料的本征参数后，还需要进行材料接触参数的设置。首先，在 Interaction 中添加土壤，设置土-土的接触参数，然后添加钢-土的接触参数，材料的接触参数如表 8-2 所示。

2. 土壤颗粒生成

土壤颗粒本身粒径较小，而且数目非常庞大，仿真过程中如果按颗粒实际尺寸建模，会导致离散元计算过程中的颗粒数目大大增加,仿真所需时间增加,甚至远远超出用户所能接受的计算时间,所以仿真中需要对土壤颗粒进行一定的放大处理。但是,如果颗粒粒径设置过大,又会导致土壤颗粒之间的微观力学特性与现实有太大的偏差。因此,在仿真时需要合理设置土壤颗粒的粒径。实际上,砂性土的粒径大多为0.075~2mm,通过查阅相关文献发现,当离散元仿真中颗粒粒径与实际颗粒粒径的比值在5~25之间时,颗粒的尺寸设置是比较合理的。本节选择用6mm标准球形颗粒进行填充得到三种形状的非标准球形颗粒。

材料接触参数　　　　　表8-2

材料类型	碰撞恢复系数	静摩擦系数	滚动摩擦系数
土-土	0.15	0.8	0.25
钢-土	0.5	0.5	0.01

设置1200mm×300mm×100mm的土槽作为研究对象,仿真建模时,先建立一个同等尺寸的长方体作为土壤颗粒的"载体",然后将土壤颗粒生成到这个"载体"中。另外,为了让土壤颗粒恰好装满这个土槽,需要对颗粒的总质量进行估算。土壤建模步骤如下:

(1)建立长、宽、高分别为1200mm、300mm、100mm的长方体作为土槽,并删除上顶面,保证后期建立颗粒工厂时,土壤颗粒能够在重力作用下落入土槽中,如图8-3所示。

(2)确定土壤颗粒的总质量。由于颗粒在堆积的过程中会有空隙产生,所以在填充土槽的时候需要考虑空隙率的影响。假设初始空隙率为40%,仿真过程中不考虑含水量的影响。计算时首先根据式(8-1)得到土壤颗粒在松散状态的毛体积密度,然后由毛体积密度及土槽体积估算出土壤的总质量。

图8-3　方形土槽

$$e = 1 - \frac{V_d}{V} = 1 - \frac{\frac{m}{\rho_d}}{\frac{m}{\rho}} = 1 - \frac{\rho}{\rho_d} \tag{8-1}$$

式中:e——空隙率,%;

V_d——总体颗粒所占的体积,m³;

V——毛体积,m³;

ρ,ρ_d——毛体积密度和颗粒实体密度,kg/m³。

通过计算得到土壤的总质量约为40kg。

(3)确定每档料的质量。生成球形、长条形、棱柱形三种形状的颗粒。相关文献表明,在对土壤颗粒进行筛分统计后,三种形状的颗粒质量占土壤总质量的比例分别为:球形1/2,长条形1/3,棱柱形1/6。所以三种颗粒的质量分别为球形20kg,长条形13.33kg,棱柱形6.67kg。

(4)建立颗粒工厂。颗粒工厂的主要作用是设定计算过程中颗粒的相关参数,包括生成方式、生成时间及位置等,任何虚拟的平面或者封闭的几何体都能够转变为颗粒工厂。在建立颗粒工厂之前首先要定义一个虚拟几何体,颗粒从这个几何体中源源不断地产生。应当注意的是,在设置颗粒工厂时要选择合理的生成方式,避免旧颗粒对新颗粒产生干扰,即旧的颗粒还没有离开生成颗粒的位置,新的颗粒就已经产生,这样会大大降低颗粒的生成速率,增加仿真用时,所以颗粒工厂的范围应当适当扩大。在土槽的上方建立三个虚拟的长方体分别作为球形、长条形及棱柱形颗粒的颗粒工厂,尺寸均为 1200mm×300mm×100mm。调整几何体的位置,使其底面与土槽底面重合,选用静态填充方式进行填充。设定每档料的质量以及放置颗粒的最大尝试次数,同时为了让生成的颗粒迅速离开生成位置,将离开时的初速度设为 0.5m/s,方向与重力方向一致。颗粒生成完毕,会在重力作用下沉积,如图 8-4 所示。

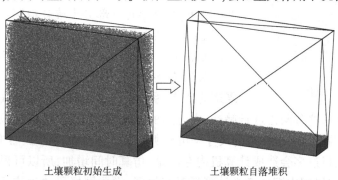

土壤颗粒初始生成　　　　　　　　土壤颗粒自落堆积

图 8-4　土壤颗粒生成过程

在土壤颗粒生成完成后,调用求解报告可得到颗粒总数为 146593,三种形状颗粒的具体数量如表 8-3 所示。

各种形状颗粒数量　　　　　　　　表 8-3

颗粒形状	球形	长条形	棱柱形
颗粒数量	94929	37459	14205

3. 钢轮模型建立

压路机压实土壤的关键作业过程,就是钢轮与土壤之间的相互作用,因此没有必要建立复杂的、完整的压路机模型,而只需要建立一个简化的钢轮模型。仿真过程中使用的钢轮原型来自戴纳派克某型号压路机,整机工作质量为 6500kg,钢轮宽度为 1676mm,钢轮外径为 1219mm。为了减小离散元模型的整体尺寸,避免因仿真所需颗粒数目过多造成计算效率的下降,同时为了防止土槽两侧产生"边界效应",保证钢轮侧面的土壤没有约束,设定钢轮外径 $D=1219$mm,钢轮宽度 $B=1676$mm,钢轮的主要工作参数如表 8-4 所示。

钢轮工作参数　　　　　　　　表 8-4

参数	钢轮外径(mm)	钢轮宽度(mm)	作业质量(kg)	作业速度(km/h)
数值	1219	1676	6500	5

建立钢轮模型时,首先使用三维建模软件 Pro/E 绘制钢轮的 CAD 模型,并将其保存为通用 STL 格式导入 EDEM 中,然后调节钢轮的坐标将它放置在合适的位置。钢轮的几何模型如图 8-5 所示。

4. 仿真参数的设置

仿真总时间一般由用户根据实际情况而定。在进行求解时,系统不会记录每次循环运算过程中各个单元的完整数据,而是根据用户的实际需求来设置输出数据的时间间隔,本研究过程中设置的数据保存时间间隔为0.05s。

时间步长及网格尺寸的设置对仿真运行速度及数值模拟结果的准确性有着至关重要的影响。如前所述,时间步长是两次运算之间的时间长度,当时间步长较大时,钢轮推料严重,并且会有一部分土壤颗粒穿过几何体的壁面进入钢轮内部,所以需要进行适当的调整,本节选择固定时间步长为瑞利时间步长的2%,即压实需要较小的时间步长。

图8-5 钢轮几何模型

对颗粒碰撞进行检测是离散元计算过程中一个比较复杂的环节,系统首先会把研究对象所在的区域划分为若干个网格单元,并对这些网格进行筛选,在之后的碰撞检测中,系统只会识别包含有两个以上颗粒的网格。网格单元最标准的尺寸是仿真所用最小颗粒粒径的2~3倍,然而模型整体尺寸较大、网格数目过多会造成计算机内存不足,仿真时间增加,所以可根据实际情况适当增大网格尺寸。本研究中综合考虑计算耗时与精度,设置网格尺寸为仿真所用最小颗粒半径的3倍,即"Cell Size"值为9mm。

另外,在运行仿真之前要合理地设置仿真区域,即仿真计算的区域。如果计算之前没有勾选"Periodic Boundary"选项,在仿真过程中若有颗粒运动到仿真区域外,这些颗粒将会被系统删除。而在仿真过程中,几何体可以进出仿真区域。仿真区域的大小也会在一定程度上对计算速度造成影响,仿真区域越大,所包含的网格数量越多,计算量也越大。EDEM中的"自动更新仿真区域"选项在默认状态下是勾选的,它会根据几何体的大小设置相符合的仿真区域。由于本节主要分析钢轮与土壤的动态响应以及土壤颗粒的力学特性,而不关心钢轮与土壤的非接触区域,所以需要对默认的仿真区域进行手动修改,从而保证在完全包含所研究区域的前提下尽可能缩小仿真空间,达到提高仿真计算速度、减少计算时间的目的。

二、多体动力学与离散元方法耦合仿真设置

EDEM主要研究颗粒内部的力学特性,虽然在前处理阶段定义了重力加速度的方向及大小,但是这个重力加速度是针对颗粒而建立的,换言之,在仿真过程中只有颗粒单元是受重力作用的,而创建的几何体是没有受重力作用的。因此,要想模拟土壤压实的实际工况,需要设法赋予钢轮重力作用。

实际压实过程中,压路机是依靠自身的重力以及钢轮与土壤之间的相互摩擦力来实现对土体的压实,重力作用使土体变得密实,而钢轮与土壤之间的摩擦力保证了土壤能被滚动的钢轮碾压,避免了光滑的刚性轮胎对土壤的推料作用。在压实过程中,土体也会反作用于钢轮,由于土体的表面并非绝对平整,所以从钢轮的侧面观察,它沿水平方向的运动轨迹并不是一条直线,而是上下不断波动。钢轮的运动可以分解为水平方向的平移运动以及绕自身轴心的旋转运动。

EDEM中的动力学耦合接口能够使几何体的运动被第三方程序控制,所以本研究中通过API实现多体动力学与离散元方法耦合,即MBD-DEM联合仿真。在进行EDEM动力学

耦合模型计算之前,需要确保 EDEM 处于可耦合状态,然后载入计算文件,并在 Simulator 界面下启动耦合服务。耦合计算所需的 API 如下。

(1)声明头文件。

```
//EDEM Coupling include file
#include "IEDEMCouplingV2_3_0.h"
//Additional libraries
#include <iostream>
#include <time.h>
#include <fstream>
using namespace std;
using namespace NApiEDEM;
```

(2)定义仿真中几何体的相关参数名,例如:ID、质量、力与力矩、速度等。

```
class CGeometry // A simple geometry class
{
public:
    //ID
    int         id;
    //Geometry properties
    double      mass;
    C3x3Matrix  momentOfInertia;
    //External forces
    C3dVector   force;
    C3dVector   torque;
    // Geometry accelerations & velocities
    C3dVector   acceleration;
    C3dVector   angularAcceleration;
    C3dVector   velocity;
    C3dVector   angularVelocity;
    // Geometry position
    C3dPoint    originalCenterOfMass;
    C3dPoint    centerOfMass;
    C3dPoint    pointOfAction;
    C3x3Matrix  orientation;
    C3dVector   totalTranslation;
};
```

(3)设定仿真总时间为 10s,其中 0~2s 用于土壤颗粒的生成,2~10s 对土壤进行 8 遍压实,并设置重力加速度。

```
// Define the ending simulation time
```

```
const double ENDTIME = 10;
// Simulation constants
C3dVector GRAVITY = C3dVector(0.0,0.0,-9.81);
// Define the number of time-steps EDEM runs for between data exchanges
const int DATA_EXCHANGE_RATIO = 10;
```
(4)设定钢轮质量,单位为kg,并设定重力的方向沿Z轴负方向。
```
int main()
{
    // Simulation time-step
    double dt;
    // Set the simulation settings. The example must be started from time 0 secs
    double simTime = 0.0;
    // Create a box geometry
    CGeometry wheel;
    // Set the wheel mass
    wheel.mass = 812.5; // kg
    //Set pressure
    C3dVector pressure = C3dVector(0.0,0.0,-7970.625);//N(X,Y,Z)
```
(5)耦合初始化,并连接EDEM。
```
IEDEMCoupling coupling; // Create an instance of the EDEM Coupling to use
    // Initialise the coupling
    if(! coupling.initialiseCoupling())
    {
        cout << "Can't initialise the EDEM Coupling Client" << endl;
        exit(EXIT_FAILURE);
    }
    cout << "EDEM Coupling Client initialised" << endl << "Connecting to EDEM..." << endl;
    // Connect to EDEM
    if(! coupling.connectCoupling())
    {
        cout << "Could not connect to EDEM" << endl;
        exit(EXIT_FAILURE);
    }
    cout << "Connection to EDEM successful" << endl;
```
(6)将EDEM中定义的几何体MSBR与程序实例化的wheel相关联,并定义钢轮的旋转中心。
```
// Set the EDEM time to zero
    coupling.setEDEMTime(simTime);
```

```
    coupling.getEDEMTimeStep(dt);
    dt * = DATA_EXCHANGE_RATIO;
    // Get the geometry ID
    if(coupling.getGeometryId("MSBR",wheel.id))
}
    cout < <"Found the geometry" < <endl;
}
// Create vectors representing the X & Z axes
C3dVector xAxis = C3dVector(1.0,0.0,0.0);
C3dVector zAxis = C3dVector(0.0,0.0,1.0);
// Get the initial coupling position and orientation from EDEM
coupling.getGeometryPosition(wheel.id,wheel.originalCenterOfMass,wheel.orientation);
coupling.setGeometryPointOfAction(wheel.id,C3dVector(0.70,0.30,0.355));
```

(7)获取EDEM中颗粒对几何体的作用力及几何体的运动速度。首先计算钢轮所受的合力,合力由钢轮自身重力和土壤颗粒的反作用力组成,然后根据合力计算钢轮的加速度及速度。再将仿真时间化为整数,如将时间1.7s化为$m=1s$,再根据仿真时间进行判断,若时间m为偶数,钢轮向左侧运动,若时间m为奇数,钢轮向右侧运动,以此实现对土体的往复碾压。在钢轮运动过程中,通过不断计算旋转轴及旋转角度得到钢轮的位移,从而对钢轮的位置进行更新。

```
while (simTime < ENDTIME)
    {
        simTime + = dt;
        // Get geometry forces
        coupling.getGeometryForces(wheel.id, wheel.force,wheel.torque);
        //Get geometry velocity
        coupling.getGeometryVelocity(wheel.id, wheel.velocity, wheel.angularVelocity);
        //pressure + force from particles
        C3dVector totalForce = pressure + wheel.force;
        // Calculate acceleration
        wheel.acceleration = totalForce / wheel.mass;
        // Calculate new velocity
        wheel.velocity + = wheel.acceleration * dt;
        int m = int(simTime);
        if(m % 2 = = 0)
        {
            wheel.angularVelocity = C3dVector(0.0, -4.590216,0.0);
            wheel.velocity.setX( -1.4);
        }
        else
```

```
        {
            wheel.angularVelocity = C3dVector(0.0,4.590216,0.0);
            wheel.velocity.setX(1.4);
        }
        // Calculate new axis to rotate around
        C3dVector rotationAxis = wheel.angularVelocity/wheel.angularVelocity.length();
        // Calculate angle rotated the velocity axis
        double rotationAngle = wheel.angularVelocity.length() * dt;
        // Change in orientation
        C3x3Matrix orientationChange = C3x3Matrix(rotationAxis,rotationAngle);
        //C3dVector displacement = C3dVector(distanceX,0.0, - distanceZ);
        C3dVector displacement = wheel.velocity * dt;
        // Calculate the new orientation of the geometry
        wheel.orientation * = orientationChange;
        wheel.totalTranslation + = displacement;
    }
```

(8)将上述计算出的几何体位移、角度、速度等赋值给 EDEM,并驱动 EDEM 计算一个时间步长,终止计算时间为 ENDTIME。

```
        // Send motion data to EDEM before simulating the time-step
        coupling.setGeometryMotion(wheel.id,
                            wheel.totalTranslation,
                            wheel.orientation,
                            wheel.velocity,
                            wheel.angularVelocity,
                            dt,
                            true);
        // Tell EDEM to perform the simulation step
        coupling.simulate(dt, ENDTIME);
    }
    return 0; //Program exited normally
```

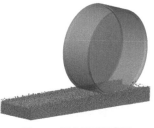

图 8-6 压实过程示意图

实际施工中,通常需要对路基碾压数次,直至达到一定的压实度。因此,离散元仿真时也对土体进行多遍往复碾压。通过参考压路机的实际作业速度以及结合仿真所用的土槽尺寸,设置钢轮的线速度为 1.4m/s。钢轮旋转角速度则由 $v = r\omega$ 计算得到,通过计算设定 $\omega = 263°/s$。另外,当仿真时间超过 1s 时,钢轮就完成对土体的一遍压实。图 8-6 为压实过程示意图。

三、土壤压实仿真结果分析

1. 土壤压实过程演绎

土壤的第 1 遍和第 8 遍压实过程如图 8-7 所示。可以明显看到,土体在经过 8 遍压实后,高度下降,密实度提升,这将在后文进行具体分析。

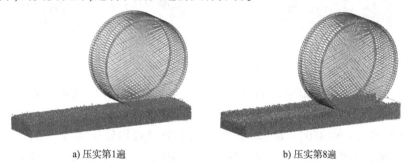

a) 压实第1遍　　　　　　　　b) 压实第8遍

图 8-7　土壤压实过程演绎

2. 土体高度变化分析

土体高度的变化能够反映出压实过程中沉降量的变化,图 8-8 是土壤在压实过程中高度变化的示意图,为了方便观察,利用 EDEM 后处理模块中的截断分析将土体两侧边界去掉,并将其置于平面坐标系中。

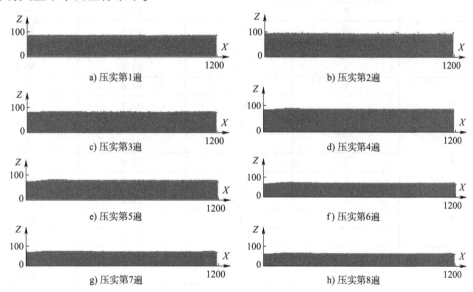

图 8-8　土体高度变化示意图(单位:mm)

为了更直观地体现沉降量的变化,参考实际单钢轮压路机压实试验测量沉降量的步骤,按照图 8-9 所示的方法布置测量点,土体沿钢轮运动方向均匀设置 3 个测量位置,每个测量位置沿横向布置 2 个测量点,使用 EDEM 软件后处理模块工具的标尺选项测量土体高度。测量时,为了避免因每次寻找各个测量点位置而造成一定的偏差,按照固定的坐标值标记每个测量点。

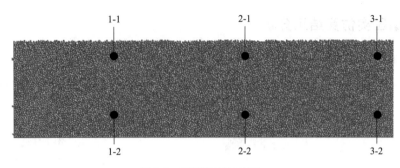

图 8-9 沉降量测量点布置

对于点 1-1 和点 1-2，控制它们的坐标值为 $(-450,80,Z)$ 和 $(-450,-80,Z)$；对于点 2-1 和点 2-2，控制它们的坐标值为 $(0,80,Z)$ 和 $(0,-80,Z)$；对于点 3-1 和点 3-2，控制它们的坐标值为 $(450,80,Z)$ 和 $(450,-80,Z)$。由于六个测量点均处于 XOY 平面，所以只要改变它们坐标的 Z 值即可得到每一个测量点处土体的高度，测量后将数据记录于表 8-5 中。

土体高度数据记录 表 8-5

压实遍数	位置	各测量点读数(mm)		平均值(mm)
		1	2	
1	1	91.9	97.6	94.8
	2	92.5	96.3	94.4
	3	94.3	98.9	96.6
2	1	80.2	91.8	86.0
	2	91.7	90.8	91.3
	3	87.2	93.7	90.5
3	1	77.8	84.6	81.2
	2	80.4	83.2	81.8
	3	79.8	85.8	82.8
4	1	74.9	79.9	77.4
	2	72.7	78.9	75.8
	3	75.9	81.4	78.7
5	1	67.6	73.2	70.4
	2	68.0	71.5	69.8
	3	68.4	72.6	70.5
6	1	62.8	68.9	65.9
	2	64.9	67.6	66.3
	3	64.9	70.3	67.6
7	1	62.9	64.6	63.8
	2	64.4	63.3	63.9
	3	61.1	64.5	62.8
8	1	60.7	62.3	61.5
	2	62.3	62.1	62.2
	3	61.2	62.8	62.0

将每个测量位置处的两组数据求平均值,绘制成折线图,如图 8-10 所示。

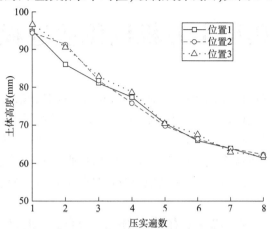

图 8-10　土体高度变化曲线

从图 8-10 中可以看出,随着压实遍数的增加,三个位置处的土体高度整体均呈现递减趋势,并且差距很小。曲线在刚开始时,斜率相对较大,说明在压实的前几遍,土体高度变化相对较大,即沉降量较大。当压实遍数增加时,曲线斜率逐渐减小,沉降量变化较小。在对土壤进行第 7~8 遍压实时,沉降量几乎没有太大变化,说明土壤的压实度已经达到一个极限的状态,这与实际工程中的规律也是一致的。

 思考题

1. 如何通过仿真得到孔隙率变化以评价压实度?
2. 如何实现振动压实过程仿真?
3. 请尝试仿真沥青路面压实过程。

第九章 典型土方机械作业过程数值仿真

土方机械一般指挖掘、铲运、推运或平整土壤和砂石等的机械,广泛用于建筑施工、水利建设、道路构筑、机场修建、矿山开采、码头建造、农田改良等工程中。典型的土方机械有挖掘机、推土机、装载机、平地机、铲运机等,是目前工程中需求量最大的工程装备。本章以挖掘机为例,聚焦典型土方机械作业装置的结构及工作原理,通过数值仿真方法分析其物料挖掘性能。相应的数值仿真方法也可用于其他土方机械作业过程分析。

第一节 挖掘机用途、分类、构造及工作原理

一、挖掘机的用途

挖掘机是主要的土石方施工机械之一。据统计,工程施工中约有60%的土石方施工是由挖掘机完成的。挖掘机按作业特点分为周期性作业式和连续性作业式两种。前者为单斗挖掘机,后者为多斗挖掘机。目前在筑路工程中大多采用单斗挖掘机进行施工。单斗挖掘机属于循环作业式机械,其每一个工作循环包括挖掘、回转、卸料和返回四个工作过程。挖掘机的作业过程是用铲斗的切削刃切土并把土装入斗内,装满土后提升铲斗并回转到卸土地点卸土,然后,使转台回转、铲斗下降到挖掘面,进行下一次挖掘。

单斗挖掘机的主要用途:在公路工程中用来开挖堑壕,在建筑工程中用来开挖基础,在水利工程中用来开挖沟渠、运河和疏浚河道,在采石、露天采矿等工程中用于剥离作业和矿石的挖掘等。此外,其还可对碎石等进行装载作业,更换工作装置后还可完成浇筑、起重、安装、夯土、打桩和拔桩等工作。

二、单斗挖掘机的分类

单斗挖掘机的种类很多,它可以按以下几个方面来分类。按动力装置分类,有电驱动式、内燃机驱动式、复合驱动式等;按传动装置分类,有机械传动式、半液压传动式、全液压传动式;按行走装置分类,有履带式、轮胎式、汽车式、悬挂式;按工作装置分类,有铰接式和伸缩臂式;按工作装置在水平面可回转的范围分类,有全回转式(回转角度360°)和非全回转式(回转角度小于270°)。

三、单斗挖掘机的构造与工作原理

单斗挖掘机主要由以下几部分组成。
(1)发动机:整机的动力源,多采用柴油机。
(2)传动系统:把动力传给工作装置、回转装置和行走装置。
(3)回转装置:使工作装置向左或向右回转,以便进行挖掘和卸料。

(4)行走装置:支承全机质量并履行行驶功能,有履带式、轮胎式与汽车式等。

(5)工作装置:用来完成对土壤等的开挖等工作,有正铲、反铲、拉铲、抓斗起重等形式。

(6)操纵系统:操纵工作装置、回转装置和行走装置,有机械式、液压式、气压式及复合式等。

(7)机架:全机的骨架,除行走装置装在其下面外,其余组成部分都装在其上面。

下面以液压式单斗挖掘机为例介绍挖掘机的构造和工作原理。液压式单斗挖掘机主要由工作装置、回转装置、发动机、传动系统、行走装置和辅助装置等组成,如图9-1所示。常用的全回转式挖掘机,其发动机、传动系统的主要部分和回转装置、辅助装置、驾驶室等都装在可回转的平台上,统称为上部转台,因而又把这类机械概括成由工作装置、上部转台和行走装置三大部分组成。工作装置主要由铲斗、斗杆、动臂及铲斗液压缸、斗杆液压缸、动臂液压缸等组成。

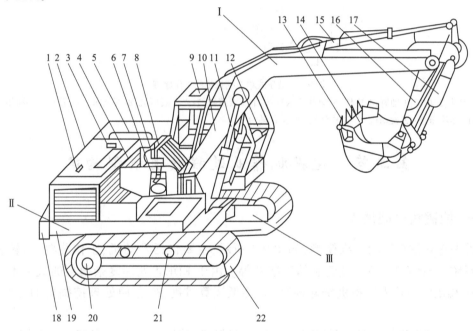

图9-1 液压式单斗挖掘机的总体构造

1-柴油机;2-机棚;3-液压泵;4-液控多路阀;5-液压油箱;6-回转减速器;7-液压马达;8-回转接头;9-驾驶室;10-动臂;11-动臂液压缸;12-操纵台;13-斗齿;14-铲斗;15-斗杆液压缸;16-斗杆;17-铲斗液压缸;18-平衡装置;19-转台;20-行走减速器和液压马达;21-拖轮;22-履带;Ⅰ-工作装置;Ⅱ-上部转台;Ⅲ-行走装置

液压式单斗挖掘机的工作原理如图9-2所示。发动机驱动两个液压泵,把高压油输送到两个分配阀,再操纵分配阀将高压油送往有关的液压执行元件,驱动相应的机构工作。挖掘机作业时,接通回转装置液压马达,上部转台转动,带动工作装置转到挖掘地点,同时,操纵动臂液压缸小腔进油、活塞杆回缩,使动臂下降,至铲斗接触挖掘面为止,然后操纵斗杆液压缸和铲斗液压缸大腔进油、活塞杆伸长,迫使铲斗进行挖掘和装载工作。铲斗装满后,切断斗杆液压缸和铲斗液压缸油路并操纵动臂液压缸大腔进油,使动臂升离挖掘面,随之接通回转装置液压马达,使铲斗转到卸载地点,再操纵斗杆液压缸和铲斗液压缸活塞杆回缩,使铲斗反转卸土。卸完土,将工作装置转至挖掘地点进行下一次的挖掘作业。

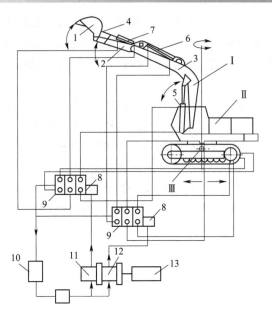

图 9-2　液压式单斗挖掘机的工作原理

1-铲斗；2-斗杆；3-动臂；4-连杆；5-动臂液压缸；6-斗杆液压缸；7-铲斗液压缸；8-安全阀；9-分配阀；10-油箱；11、12-液压泵；13-发动机；Ⅰ-工作装置；Ⅱ-上部转台

第二节　挖掘机作业过程数值模型构建

一、挖掘机模型建立

首先建立挖掘机的三维模型，如图 9-3 所示，主要包括发动机、工作装置、回转装置、操纵系统、传动系统、行走装置和辅助装置等。由于 EDEM 处理复杂模型的效果不佳，所以只在 EDEM 中导入挖掘机铲斗模型，以降低运算难度，也方便处理挖掘机的复杂运动状态。

简化的挖掘机铲斗示意图如图 9-4 所示，只保留挖掘机用于铲挖散状物料的铲斗部件，用于挖掘机作业仿真。

图 9-3　挖掘机三维模型示意图

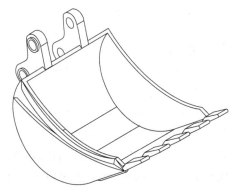

图 9-4　挖掘机铲斗示意图

二、EDEM 模型建立

1. 模型导入与运动参数设置

创建 EDEM 模型文件，模型文件名称及所在的目录不能出现特殊符号、中文等。右击"Geometries"，左击"Import Geometry"，将建立的挖掘机铲斗模型以 STL 格式导入 EDEM 中。再点击"Geometries"→"Add Geometry"→"Box"选项添加两个实体盒子，其中选择盒子组成面时将盒子的上顶面去除，只保留其他五个面，并将两个盒子按照一定距离摆好。挖掘机铲斗运动过程即从一个盒子上方运动到盒子内部铲起一些散状物料并回到原位置，然后平移到另一个盒子上方，最后回转将物料投入盒子内部，如图 9-5 所示。给挖掘机铲斗命名为"chandou"，右击"chandou"，左击"Add Motion"，左击"Add Linear Translation Kinematic"，即直线运动，设置运动的"Start Time"为 0s，"End Time"为 2s，设置铲斗运动速度"Initial Velocity"为 1.5m/s，"Reference Space"选择"Local"，勾选"Moves with Body"，通过设置起点(0,0,0)和终点(0,-1,0)坐标以确定运动方向为 Y 轴负方向；然后添加一个直线运动，设置运动的"Start Time"为 5s，"End Time"为 10s，设置铲斗运动速度"Initial Velocity"为 0.6m/s，"Reference Space"选择"Local"，勾选"Moves with Body"，通过设置起点(0,0,0)和终点(0,1,0)坐标以确定运动方向为 Y 轴正方向；再添加一个直线运动，设置运动的"Start Time"为 10s，"End Time"为 20s，设置铲斗运动速度"Initial Velocity"为 1m/s，"Reference Space"选择"Local"，勾选"Moves with Body"，通过设置起点(0,0,0)和终点(1,0,0)坐标以确定运动方向为 X 轴正方向；左击"Add Linear Rotation Kinematic"，为铲斗添加回转运动，铲斗的回转速度"Initial Velocity"为 15r/min，加速度"Acceleration"为 0，设置运动的"Start Time"为 20s，"End Time"为 22s，"Reference Space"选择"Local"，勾选"Moves with Body"，通过设置起点(0,3.5,0)和终点(1,3.5,0)坐标以确定运动方向为 X 轴正方向，回转轴线为铲斗水平位置；最后等待散状物料全部落到盒子中。

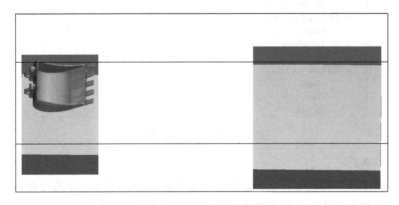

图 9-5　EDEM 设置示意图

2. 增设颗粒

右键单击"Bulk Material"，点击"Add Bulk Material"，物料参数维持原状，右键单击"ball"，点击"Add Particle"，添加颗粒形状，选择颗粒为单球模型，根据盒子和铲斗大小设置球的半径，勾选"Auto Calculation"，点击"Calculate Properties"进行参数更新，如图 9-6 所示。

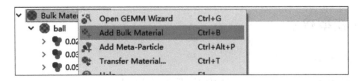

图9-6 添加散状物料

3. 添加刀盘材料

右键单击"Equipment Material",点击"Add Equipment Material",设置材料参数,材料参数维持现状,如图9-7所示。

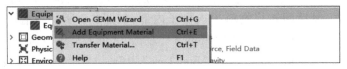

图9-7 添加刀盘材料

4. 设置接触参数

分别设置散状物料之间的接触参数,以及散状物料和挖掘机铲斗材料之间的接触参数,参数维持现状。

5. 增设虚拟平面

点击"Geometries"→"Add Geometry"→"Polygon"增设虚拟平面;此处平面类型设置为虚拟面"Virtual",否则无法生成颗粒。对所添加平面的参数进行一定调整,将平面调整到合适位置,如图9-8所示。

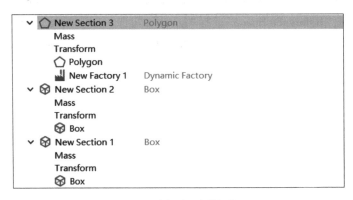

图9-8 虚拟平面参数调整

6. 建立颗粒工厂

在虚拟平面上建立颗粒工厂,点击平面右击"Add Factory",之后进行颗粒工厂设置,工厂类型有动态和静态两种,根据出碴的实际要求选择动态工厂即"dynamic",设置投料的"Start Time"为1s,"Max Attempts to Place Particle"为5,"Generation Rate"(生成频率)选择"Target Number(per second)",如图9-9所示。

7. 设置仿真环境

"Domain"(仿真范围)选择从模型自动更新即可,确定重力加速度"Gravity: X 0m/s²、

Y -9.8m/s²、Z 0m/s²",检查以上基本设置及数据。此步完成后进行数据参数检查,如果出现报错情况可能是因为颗粒特性没有选择自动计算或者材料接触不全,经检查无误后点击 ■(保存)进行保存,后点击 ●(仿真设置)开始进行仿真设置。

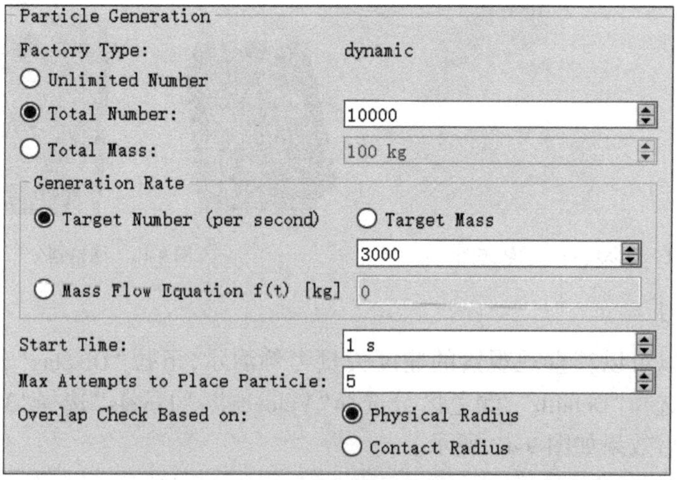

图9-9 建立颗粒工厂

时间步长可以选择自动时间步长(Auto)或设置时间步长为瑞利时间步长的15%~25%,仿真时长设置为30s,网格大小则选用"Estimate Cell Size"估算,一般取"2.5R min"。根据自己电脑情况进行CPU计算设置,最后点击 Progress: ▶ (开始仿真),开始模拟仿真。待仿真结束后,进行数据处理。仿真结果如图9-10所示。

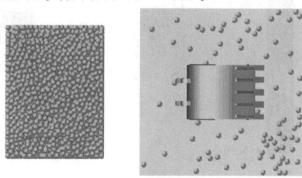

图9-10 仿真结果示意图

第三节 挖掘机作业过程数值仿真结果分析

下面是后处理分析部分。

1. 选择"Particles"→"Stream"

表征散状物料的运动轨迹,如图9-11所示。

2. 建立分区

右击"Setup Selections",选择"Add Selection",再选择"Grid Bin Group"建立网格,记录需要统计区域的颗粒参数。网格可根据自己需要的区域设置,选择"Center"(网格中心)、

"Dimensions"(网格尺寸)、"Numbers of Bins"(合适的网格数量),调整后最终建立的网格区域如图 9-12 所示。

图 9-11　散状物料运动轨迹图　　　　图 9-12　网格划分

3. 演示速度图

在此模型中以可以较直观观察的速度矢量为例演示,下拉"Display",选择"Particles","Representation"选择"Default",颜色区分选择"Velocity","Levels"选择"3",颜色按照速度等级区分。调整后效果如图 9-13 所示。

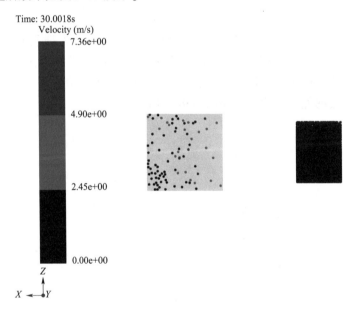

图 9-13　散状颗粒掉落速度图

右击"Setup Selections",选择"Add Sensor Selection",再选择"Density Sensor"建立密度传感器,记录两个区域的颗粒密度,分析区域网格可根据自己的需要设置,按照选择"Center""Dimensions"和"Numbers of Bins"得到的网格散状颗粒密度对比如图 9-14 所示。

当需要导出图表进行数据处理时,打开 (图表),选择需要输出的区域,并在"X-axis"中确定时间范围和时间间隔,在"Y-axis"的"Attribute"中选择主属性如"Mass""Velocity""Force"等,选择不同图示类型如折线图(Line)、柱状图(Histogram)等,选择之前建立的单网格或全部组成部分,下拉点击"Create Graph",操作示意如图 9-15 所示。

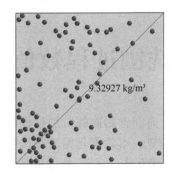

图 9-14 网格散状颗粒密度对比图

图 9-15 折线图设置

输出过程及最终导出效果如图 9-16 所示。将导出的数据进行处理,分析得出结果。

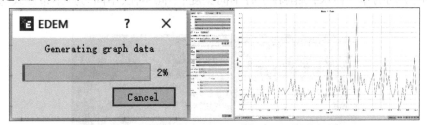

图 9-16 导出数据

通过学习挖掘机铲斗挖掘散状物料这一实例,了解 EDEM 仿真分析建模过程,以及理解更多机械结构工作原理和数值模拟方法。

 思考题

1. 如何用 MBD-DEM 耦合方法实现挖掘过程数值仿真?
2. 如何获取挖掘力?

第十章 沥青路面铣刨过程数值仿真

我国公路建设的重心已由新建向养护转移,而沥青路面的铣刨过程就是路面养护的关键环节之一,所用到的铣削设备一般为路面铣刨机。本章聚焦路面冷铣刨设备与关键作业过程,通过数值仿真方法研究刀具与路面材料的相互作用过程,所建的数值模型和使用的仿真方法同样适用于基于锥形截割刀具的岩土铣削机械、采煤机、悬臂式掘进机等装备。

第一节 沥青路面铣削设备作业装置结构及基本理论

一、沥青路面铣削设备结构及工作过程

铣刨是沥青路面清除的主要施工方式,冷铣刨机已成为沥青路面病害处治、改扩建工程及路面再生工程的主导设备。铣削转子是沥青混凝土路面冷铣刨机的核心部件,其作业性能和作业效率直接决定整机性能,开展沥青路面铣削数值模拟研究,对减小铣削阻力、减少铣削作业载荷波动、延长刀具使用寿命、提高铣刨机作业性能、降低铣削能耗、提高铣削效率,以及对整个沥青路面养护和再生产业链的节能减排都有重要意义。研究结果还为子弹头形刀具、镐形截齿、点式冲击刀具等圆锥形刀具单刀和旋转多刀铣削机械(铣刨机、岩土铣削机械、采煤机、掘进机、疏浚机械)设计提供理论基础。

铣刨机在行进过程中,依靠铣削转子的旋转运动和水平进给运动,使铣削转子上各刀具逐次切入、切出沥青路面,实现一定宽度和深度的铣削作业。从载荷冲击和刀具、刀座部件寿命考虑,目前沥青路面冷铣刨机均采用逆铣方式。图10-1为沥青路面冷铣刨机作业示意图。为满足不同的作业需求,铣削转子有不同宽度、不同半径、不同刀具排布方式,如图10-2所示。

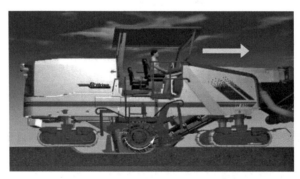

图10-1 沥青路面冷铣刨机作业示意图

铣削转子两端边刀和侧刀刀尖点在水平面上的投影距离即铣削宽度。铣刨机的型号一般以铣削宽度命名,例如:维特根W1000为维特根(中国)机械有限公司的铣削宽度为1m的铣刨机。铣削刀具通过刀座安装在铣削转子滚筒上,铣削转子上各把刀具刀尖点连线组成

的圆的半径称为刀尖圆半径,也称为铣削转子半径。

图10-2　不同结构铣削转子

铣刨机的铣削刀具主要组成部分有刀头(合金头,含刀尖)、刀杆、弹性胀套和耐磨垫圈等,如图10-3所示。刀头结构类似子弹头,刀尖呈圆锥形,刀头材料为碳化钨,耐磨且硬度比较高,刀杆的材料为优质合金钢。刀杆上装有弹性胀套,便于快速更换刀具,刀杆可以在刀座内转动。耐磨垫圈处于刀座与刀杆之间。

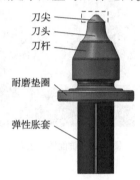

图10-3　铣削刀具组成及实物图

铣削刀座的结构形式比较多样,各厂家选用的类型也不一样,小型铣削转子和大直径铣削转子采用的刀座结构也不同。典型的刀座结构如图10-4所示。

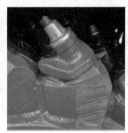

图10-4　典型刀座结构

铣削刀具在铣削转子滚筒上按螺旋线对称布置,刀具的排列方式也多种多样。刀具排布应保证铣削转子轴向和周向布置均匀,各把刀具受力均衡,减小铣削阻力,减少刀具磨损、载荷波动和能量消耗。铣削转子铣削下来的沥青混凝土,在螺旋状空间布置刀具聚拢作用下向中间汇聚,经抛料板将铣屑抛掷到传送皮带上输送出去。典型铣削转子结构如图10-5所示。图10-6为某铣刨机铣削完成后的路面表面。

铣削转子上每把刀具的运动均为铣削转子水平方向上的进给运动和圆周运动的合成,在每一个工作循环中,铣削刀具先切入地面,使铣削厚度由零增至最大而后减小为零,后切出地面,铣削转子上每把刀具(除侧刀外)均经历相同的铣削历程。沥青混凝土铣削作业是由多把刀具联合作用完成的,而铣削阻力和铣削能耗主要是占绝对数量的主刀铣削产生的。图 10-7 为铣削转子单刀铣削示意图,图 10-8 为铣削转子主刀逐次切入与切出过程示意图。

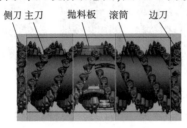
图 10-5　铣削转子结构(方框内为主刀排布区)

图 10-6　铣削完成后的路面表面

图 10-7　铣削转子单刀铣削示意图

图 10-8　铣削转子主刀逐次切入与切出过程示意图

二、沥青路面铣刨基本理论

1. 铣削转子运动学分析

(1) 铣削刀具刀尖点运动轨迹。

沥青路面冷铣刨机铣削作业时,铣削转子旋转角速度为 ω,铣削作业速度为 v,以铣削转子中心 O 点作为坐标系原点,以铣削作业速度 v 方向为 x 轴,建立直角坐标系,如图 10-9 所示。从铣削转子某一刀具刀尖点第一次处于最低点时(此刻对应转角为 0°,本章采用此时刻为计时起点)开始计时,经过 t 时间后,铣削转子中心由 O 点运动到 O_1 点,刀尖点的运动轨迹如图 10-9 所示,刀尖点的轨迹方程为

$$\begin{cases} x = vt + R\sin\omega t \\ y = -R\cos\omega t \end{cases} \quad (10\text{-}1)$$

式中:v——铣刨机铣削作业速度,mm/s;

ω——铣削转子的旋转角速度,rad/s;

R——铣削转子半径,mm;

t——时间,s。

铣削转子的转速 $n = 30\omega/\pi$,铣削转子实时转角 $\varphi = \omega t$,刀尖点的线速度 $v_t = \omega R$。将轨迹方程对时间求导,得出刀尖点 x、y 方向的瞬时速度 v_x 和 v_y 为

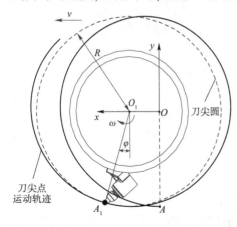
图 10-9　刀尖点的运动轨迹

$$\begin{cases} v_x = \dfrac{dx}{dt} = v + \omega R\cos\omega t \\ v_y = \dfrac{dy}{dt} = \omega R\sin\omega t \end{cases} \qquad (10\text{-}2)$$

刀尖点 A 的瞬时合成速度为

$$v_h = \sqrt{v^2 + (\omega R)^2 - 2v\omega R\cos\varphi} \qquad (10\text{-}3)$$

由 $\lambda = \dfrac{v_1}{v} = \dfrac{R\omega}{v}$,得 $v = \dfrac{R\omega}{\lambda}$,代入式(10-3),得

$$v_h = R\omega\sqrt{1 + \dfrac{1}{\lambda^2} - \dfrac{2}{\lambda}\cos\omega t} \qquad (10\text{-}4)$$

刀尖点瞬间合成速度与铣削作业速度方向的夹角余弦为

$$\cos\psi = \dfrac{1 + \lambda\cos\omega t}{(1 - 2\lambda\cos\omega t + \lambda^2)^{\frac{1}{2}}} \qquad (10\text{-}5)$$

由式(10-3)和式(10-5)可知,刀尖点瞬时合成速度的大小和方向是变化的,与 R、ω、λ 有关。

(2)铣削进距与铣削不平度。

铣削转子旋转一周时转子中心点水平方向前进的距离称为铣削进距,如图 10-10 所示。铣削进距为

$$f_p = \dfrac{2\pi v}{\omega} \qquad (10\text{-}6)$$

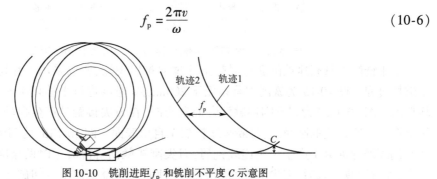

图 10-10 铣削进距 f_p 和铣削不平度 C 示意图

当铣削转子同一径向截面刀具数为 $z(z>1)$ 时,铣削进距为

$$f_p = v\Delta t = \dfrac{v \cdot 2\pi}{z\omega} \qquad (10\text{-}7)$$

刀具再次切入时,其铣削轨迹与前一铣削轨迹间会残留一部分沥青混凝土无法切除,两轨迹交点至铣削轨迹最低点的距离称为铣削不平度。铣削不平度是考查沥青路面铣削作业质量的重要指标。铣削不平度 C 可表示为

$$C = R(1 - \cos\varphi_0) = R\left[1 - \cos\dfrac{\pi v}{(v + \pi nR/30)z}\right] \qquad (10\text{-}8)$$

式中:φ_0——刀具开始切削路面对应的转角,rad。

2. 沥青路面铣削破坏过程

沥青路面是由沥青胶结料、填料与一定粒径分布的矿质集料经搅拌、摊铺、压实形成的具有一定孔隙的路面结构层。常温铣削状态下沥青混凝土是非均质、各向异性的弹、塑、脆性材料,填充在集料间的沥青结合料和粉料形成的混合物主要呈现弹性和塑性,沥青混凝土

中矿质集料属脆性材料,沥青胶结料和矿粉在常温状态下视老化情况也呈现出不同程度的脆性材料特性。沥青混凝土属于典型的弹、塑、脆性材料,在铣削刀具作用下其平面受力模式可由图10-11表示,刀具前表面对接触的沥青混凝土产生挤压,沥青混凝土发生图10-12所示的不连续剪切破坏。

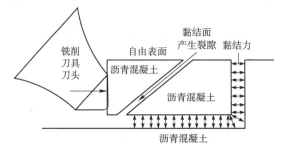

图10-11　铣削刀具铣削沥青混凝土时平面受力模式

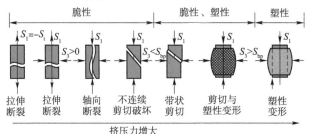

图10-12　塑性、脆性、塑脆性材料在挤压力作用下的破坏特征

由于铣削刀具高速铣削沥青混凝土的过程难以观测,所以采用平移切削观察沥青混凝土破坏过程。图10-13为铣削刀具以低于200mm/s速度进行平移切削时,沥青混凝土的破坏形态。图10-13a)为刀具刚接触沥青混凝土时,在刀尖接触处产生压碎坑,在持续挤压作用下产生一定角度的断裂线,且断裂线扩展至自由表面。图10-13b)为刀尖切入后刀尖前表面和侧面沥青混凝土产生小块连续铣屑,刀尖刚接触沥青混凝土时两条断裂线形成的角度较大,而待刀具切入后,刀尖前表面和侧面接触沥青混凝土发生剪切破坏,切槽截面与刀具刀头纵截面形状相近,如图10-13c)、d)所示。

a) 压碎坑与断裂线　　　b) 铣屑变形　　　c) 平移切削后铣屑　　　d) 平移切削过程

图10-13　单把刀具平移切削沥青混凝土过程及铣削后铣屑状态

旋转铣削沥青混凝土过程中,刀具以一定角度和速度(刀尖点移动速度为平移切削速度10倍以上)切入沥青混凝土,刀尖点瞬时速度为铣削转子刀尖点线速度与铣削作业速度的合成速度,与刀尖顶端接触的沥青混凝土在冲击挤压作用下被压碎,形成粉碎至一定程度的粉末;刀尖持续切入,刀尖前表面和侧面沥青混凝土在挤压力作用下产生剪切裂纹,随着刀

具沿轨迹前行,刀尖前表面和侧面沥青混凝土产生的裂纹在压应力持续作用下扩展至自由表面,形成铣屑并以一定的速度崩落;刀尖后刀面与已铣削表面保持一定的接触压力并沿已铣削表面滑行,产生摩擦阻力。随着刀具前行,沥青混凝土不断产生新的滑移面并形成铣屑崩落,直至刀具切出路面,一个铣削循环结束。随铣削转子铣削刀具再次切入,沥青混凝土进入下一铣削循环。

由于沥青黏结力较小,铣削过程主要为沥青混凝土沿黏结面的裂纹扩展与剥离并伴随少量矿质集料的破碎,铣屑为不同粒径分布的块状铣屑。铣削刀具对刀尖前表面和侧面接触部分沥青混凝土的挤压作用使之产生剪切裂纹并向上方自由表面扩展,直至铣屑崩落,子弹头形铣削刀具铣削破坏过程与沥青混凝土直接剪切试验受力状态接近,剪切破坏是沥青混凝土铣削过程的主要破坏形式。在铣削过程中,铣削刀具必须克服刀尖前部和侧部沥青混凝土的弹性变形阻力、压缩压碎变形阻力、剪切变形阻力,刀具与被铣削沥青混凝土的摩擦力,刀具与已铣削表面接触处的摩擦力,以使刀具持续切入并剥离沥青混凝土。图 10-14 为基于上述前提的单把刀具铣削沥青混凝土过程示意图。

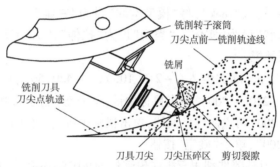

图 10-14 单把刀具铣削沥青混凝土过程示意图

第二节 基于有限元软件 ABAQUS 的铣刨过程数值模型构建

一、仿真方法和软件的选取

铣削刀具冲击破碎沥青混凝土是一个复杂非线性动态侵彻过程,选取擅长求解非线性问题的有限元分析软件 ABAQUS,选用 Explicit 模块进行建模与分析。

二、仿真模型的建立

1. 仿真模型的简化

实际的铣削转子破岩过程是依靠铣削转子的旋转运动和水平进给运动,使铣削转子上各刀具逐次切入、切出沥青混凝土,实现一定宽度和深度的铣削作业。对模型进行简化和设置:①利用三维建模软件建立与实际情况相近的三维仿真模型,因刀具在滚筒上对称布置,考虑实际计算效率以及保证仿真的准确性,将铣刨鼓进行简化,留取有边刀的一部分且宽度设为 150mm,如图 10-15 所示,以减少计算量;②研究相邻铣削转子的破岩过程;③调整铣削深度、铣削作业速度/铣削滚筒转速,实现切削进给量的调节。本例的单位分别为 mm、N、s、

MPa、t/mm³。

图 10-15 三维模型的建立

2. 几何建模

①启动 ABAQUS/CAE,创建一个新的模型,命名为 Model-1,保存模型为 Model-1. cae。

②创建岩石部件。进入部件模块,单击工具箱中的 按钮,弹出"创建部件"对话框,在"名称"中输入"rock",将"模型空间"设为"三维"、"类型"设为"可变形",再将"基本特征"中的"形状"设为"实体"、"类型"设为"拉伸"、"大约尺寸"设为"2000",单击"继续"按钮,进入草图环境。

单击 按钮,依次输入(-210,100),(-420,50),(-450, -400),(450, -400),(450, -200),(240, -200),单击鼠标中键,单击 按钮,创建一条连接(-210,100),(240, -200)两点的样条曲线,单击鼠标中键,在弹出的"编辑基本拉伸"对话框中,将"深度"设为"200",单击"确定"按钮。

③创建刀具部件。刀具部件利用三维建模软件 SOLIDWORKS 导入,命名为"daoju"。

3. 划分网格

在网格模块,对 rock 部件和 daoju 部件划分网格。刀具与岩石接触区域网格划分比非接触区域网格划分密集,可以提高计算精度;刀具为刚体,除了刀具端部与沥青混凝土接触的表面部分外,其他部分网格划分可较为稀疏以提高计算效率。

①rock 部件网格划分。

由于与滚刀相接触的部分需要细化网格,所以将岩石部件进行拆分。单击工具栏中的 按钮,选取要切分的平面,单击鼠标中键,使选取的边垂直在右边,单击鼠标中键,点击 按钮,画出一条距离岩石右端面 150mm 的线,单击鼠标中键。单击工具栏中的 按钮,选择刚刚画的直线,单击鼠标中键,点击弹出来的"按边扫掠"对话框,选择一条与其垂直的边,方向朝下,单击鼠标中键,完成岩石部件的切割。

单击工具箱中的 按钮,按住 Shift 键选取线框,单击鼠标中键确认,在弹出的"局部种子"对话框中,"基本信息"栏的"方法"选取"按尺寸","尺寸控制"栏的"近似单元尺寸"设为"5",其他参数保持默认值,点击"确定"按钮。选取剩下的线框,"近似单元尺寸"设为"10",点击"确定"按钮。单击工具箱中的 按钮,弹出"网格控制属性"对话框,在"单元形状"选项中选择"四面体",采用"自由"网格技术,单击"确定"

按钮,完成控制网格划分选项的设置。

单击工具箱中的 按钮,框选整个 rock 部件,单击鼠标中键,弹出"单元类型"对话框,"单元库"设为"Explicit","簇"设为"三维应力","单元控制属性"栏下的"单元删除"设为"是","最大下降"设置为"0.99",其他参数保持默认值,单击"确定"按钮。单击工具箱中的 ■(为部件划分网格)按钮,单击提示区中的"是"按钮,完成网格划分。

在"网格"模块,点击工具栏中的"网格"按钮,点击"创建网格部件",命名为"rock-mesh-1",如图 10-16 所示。

图 10-16　rock 网格划分

②daoju 部件网格划分。

可以把刀具看作刚性部件,在"部件"模块中,选择设计树中的"daoju",右键点击"编辑"命令,选择"三维""离散刚性",点击"确定"按钮。

在"部件"模块中依次点击"加工"→"壳"→"使用实体",框选整个刀具几何体,点击鼠标中键确定。右键点击设计树中的"daoju",单击"更新有效性",创建一个壳部件。长按 (XYZ)(创建基准点)按钮,单击出现的 ■(创建基准点两点的中点),创建刀具的旋转中心。单击菜单栏中的"工具"选项卡,单击"参考点"选项,单击刚刚创建的中心点,创建一个刚体参考点,命名为"RP"。

在"网格"模块里指定网格单元类型及属性,单击 ■(指派网格控制属性)按钮,选择"离散刚体单元",单击"确定"按钮。然后点击 ■(种子部件)按钮,"近似全局尺寸"设为"10",单击"确定"按钮,对于刀尖部分网格细化,单击 ■(为边布种)按钮对刀尖部分细化网格,尺寸设置为"2",完成网格划分,如图 10-17 所示。

图 10-17　daoju 网格划分

4.创建材料和截面属性

①创建材料。

进入属性模块,单击工具箱中的 ■(创建材料)按钮,弹出"编辑材料"对话框,设置材料

"名称"为"Material-daoju",选择"通用"→"密度"选项,设置"质量密度"为"7.8e-09";选择"力学"→"弹性"选项,设置"杨氏模量"为"210000"、"泊松比"为"0.3"。单击"确定"按钮。再次单击 (创建材料)按钮,弹出"编辑材料"对话框,设置材料"名称"为"Material-rock",选择"通用"→"密度"选项,设置"质量密度"为"2.4e-09";选择"力学"→"弹性"选项,设置"杨氏模量"为"1300"、"泊松比"为"0.3";选择"力学"→"塑性"→"Drucker Prager"选项,设置"摩擦角"为"30"、"流应力比"为"0.778"、"膨胀角"为"10",单击右上角"子选项"中的"Drucker Prager 硬化",设置"硬化行为类型"为"压缩"、"屈服应力"为"20"、"绝对塑性应变"为"0",其余参数保持默认设置,单击"确定"按钮;选择"力学"→"延性金属损伤"→"剪切损伤"选项,设置"Ks"为"0",设置"断裂应变"为"0.006"、"剪应力比"为"1.5"、"应变比"为"0",单击右上角"子选项"中的"损伤演化",设置"类型"为"位移"、"软化"为"线性"、"退化"为"最大"、"破坏位移"为"0.5",依次单击"确定"按钮,完成材料设置。

②创建截面属性。

单击工具箱中的 (创建截面)按钮,在"创建截面"对话框中,将"名称"设置为"Section-daoju",选择"类别"为"实体"、"类型"为"均质",单击"继续"按钮,进入"编辑截面"对话框,"材料"选择"Material-daoju",单击"确定"按钮。同样步骤完成"Section-rock"的定义,点击"确定"按钮,完成截面的定义。

③赋予截面属性。

刀具的属性赋予:

由于刀具被设置成了离散刚性的三维实体,所以不需要进行属性赋予。

岩石的属性赋予:

点击"属性"对话框,点击 (指派截面)按钮,取消勾选提示栏中的"创建集合"按钮,选择建立的网格部件"rock-mesh-1",框选整个网格部件,单击鼠标中键,截面选择刚刚建立的"Section-rock",材料选择"Material-rock",单击"确定"按钮,完成岩石材料的属性赋予。

5. 定义装配件

①建立装配体。进入"装配"模块,单击 (创建实例)按钮,按住 Shift 键依次选中部件"daoju"和"rock",在"实例类型"栏选择"非独立",单击"确定"按钮。

②调整装配体位置。点击 (平移实例)按钮,框选 daoju 几何实体,点击鼠标中键,选择全局坐标系中的 X 轴、Y 轴、Z 轴,来控制两个部件之间的相对位置。

③创建表面。创建与岩石相接触的个别刀具的表面,便于后期刀具上切削力的输出。在"分析步"模块点击菜单栏中的"工具"选项,单击"表面"选项,单击"管理器",点击"创建",名称设置为"D-1",类型设置为"几何",点击"继续"按钮,框选刀具端部表面,点击鼠标中键完成表面的创建,依次重复上述操作,完成其他刀具表面的创建。点击菜单栏中的"工具"选项,单击"表面"选项,单击"管理器",点击"创建",点击工具栏中的 (选择实例)按钮,选中内部网格表面,框选与刀具相接触的沥青混凝土的网格表面,名称设置为"rock",类型设置为"网格",建立与刀具接触的网格表面,如图10-18 所示。

图 10-18　定义装配件

6. 设置分析步

①定义分析步。进入分析步模块,单击工具箱中的 （创建分析步）按钮,在弹出的"创建分析步"对话框中选择"通用:动力,显示",点击"继续"按钮。在弹出的"编辑分析步"对话框中,设置"时间长度"为"10","几何非线性"设为"开";打开"质量缩放"选项卡,点击"使用下面的缩放定义"下的"创建"按钮,在弹出的"编辑质量缩放"对话框中将"类型:按系数缩放"设为"1000",点击"确定"按钮,其他参数均保持默认设置,再次点击"确定"按钮,完成分析步定义。

②设置场变量输出。单击工具箱中的 （创建场输出）,选择其中的"F-Output-1",单击"编辑"按钮,在弹出的"编辑场输出请求"对话框中设置"间隔"为"800",其他参数保持默认设置,单击"确定"按钮,完成场输出变量的设置。

③设置历程变量输出。单击工具箱中的 （创建历程输出）按钮,选择"H-Output-1",单击"编辑"按钮,在弹出的"编辑历程输出请求"对话框中设置"间隔"为"800",其他参数保持默认设置,单击"确定"按钮;单击"创建"按钮,"名称"设为"D1",点击"继续"按钮,"作用域"设为"通用接触表面,D1","频率"设为"均匀时间间隔","间隔"设为"800","输出变量"选择"CFN1""CFN2""CFN3",其他参数保持默认设置,重复上述操作设置好"D2,D3…"刀具的历程变量的输出,单击"确定"按钮,完成单把刀上 X、Y、Z 轴三个方向上切削力的输出。

单击工具栏中的"集",点击"管理器",点击"创建",命名为"zhongxin",类型选择"几何",选择刚刚创建的刚体参考点"RP",单击鼠标中键。

再次单击 （创建历程输出）按钮,命名为"zhongxin",作用域选择"集","zhongxin"频率设为"均匀时间间隔",间隔设为"800",输出变量选择"RF1""RF2""RF3""RM3",单击"确定"按钮,完成铣刨鼓 X、Y、Z 轴三个方向上总切削力以及扭矩的输出。

7. 设置接触

进入"相互作用"模块,单击 （创建相互作用属性）按钮,类型设为"接触",点击"继续"按钮,在"编辑接触属性"对话框选取"力学"→"切向行为","摩擦公式"设为"罚","摩擦系数"设为"0.3",选取"力学"→"法向行为","压力过盈"设为"'硬'接触",其他参数保持默认设置,单击"确定"按钮。

单击 （创建相互作用）按钮,使用默认命名 Int-1,"分析步"选择"Initial","可用于所选分析步的类型"设为"通用接触(Explicit)","接触领域"选择"所选的成对面:无",建立

"刀具与沥青混凝土的接触""所有表面与自身的接触"以及"沥青混凝土铣屑与自身的接触",单击"继续"按钮。"属性指派"→"接触属性"→"全局属性指派"栏选择"IntProp-1",单击"确定"按钮,如图 10-19 所示。

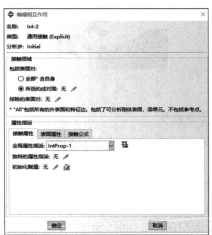

图 10-19　接触设置

8. 定义边界条件和载荷

进入"载荷"模块,单击工具箱中的 按钮,在"创建边界条件"对话框中设置边界条件"名称"为"BC-1"、"分析步"为"Initial"、边界条件"类别"为"力学"、"可用于所选分析步的类型"为"对称/反对称/完全固定",单击"继续"按钮。选择岩石的底侧面以及左侧面,单击鼠标中键,在"编辑边界条件"对话框中选择"完全固定"单选按钮,点击"确定"按钮,约束所有自由度。再次单击工具箱中的 按钮,在"创建边界条件"对话框中设置边界条件"名称"为"BC-2"、"分析步"为"Step-1"、边界条件"类别"为"力学"、"可用于所选分析步的类型"为"速度/角速度",单击"继续"按钮。按住 Shift 键选取"RP",单击鼠标中键,在"编辑边界条件"对话框中设置"U1:-50、U2:0、U3:0、UR1:-6.28、UR2:0、UR3:0","幅值"设为"(瞬时)",单击"确定"按钮。如图 10-20 所示。

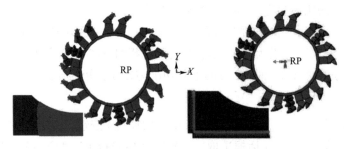

图 10-20　定义边界条件和载荷

9. 提交分析作业

进入作业模块,单击工具箱中的 按钮,弹出"创建作业"对话框,在"名称"中输入"Job-1",单击"继续"按钮,弹出"编辑作业"对话框,打开"并行"选项卡,"使用多个处理器"可根据自己电脑的 CPU 核数来设置,其他参数保持默认设置,单击"确定"按钮,完成作业的创建。同时点击工具栏中的 ▣(保存模型数据库)按钮进行模型的保存。单击"数据检查"按钮,可进行模型的检查。若报错,点击"监控"按钮进行错误检查;若未报错,点击"提交"按钮进行模型的正式计算,同时可点击"监控"按钮进行进度查看。

10. 后处理

作业分析完成后,单击"结果"按钮,进入可视化功能模块。

(1)显示未变形图。进入可视化模块,单击工具箱中的 ▣(绘制未变形图)按钮,视图区中显示出模型未变形时的轮廓图,如图 10-21a)所示。单击 ▣(通用选项)按钮,将"基本信息"选项栏中的"可见边"设置为"特征边",可隐藏掉网格,显示实体模型,如图 10-21b)所示。

a) 网格　　　　　　　　　　b) 实体

图 10-21　铣刨未变形图

(2)显示变形图。单击 ▣(在变形图上绘制云图)按钮,显示出变形后的实体模型,如图 10-22 所示。

图 10-22　铣刨变形图

(3)绘制铣刨鼓法向力时程曲线。单击 ▣(创建 XY 数据)按钮,在"创建 XY 数据"对话框里选择"ODB 场变量输出",点击"继续"按钮,位置选择"唯一节点的","输出变量"分别选择"RF1""RF2""RF3"以及"RM3"。

单元/节点中选择节点集"zhongxin",单击"绘制"按钮,在视图区绘制刀具的总铣刨阻力矩"RM3"以及 X、Y、Z 方向上的总切削力"RF1""RF2""RF3"时程曲线,如图 10-23 ~ 图 10-26 所示。

绘制铣刨鼓单把刀具上的 X、Y、Z 轴方向的切削力"CFN1""CFN2""CFN3"时程曲线,如图 10-27 ~ 图 10-29 所示。

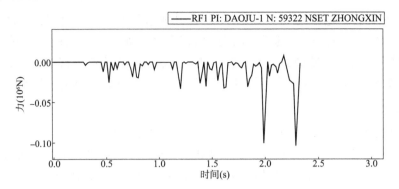

图 10-23　铣刨鼓 X 轴方向总切削力 RF1 时程曲线

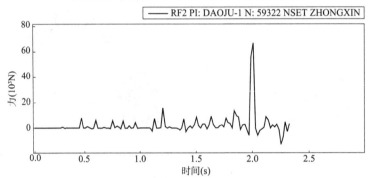

图 10-24　铣刨鼓 Y 轴方向总切削力 RF2 时程曲线

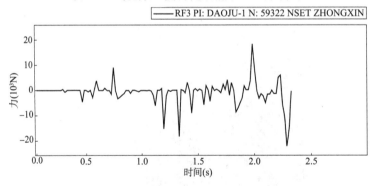

图 10-25　铣刨鼓 Z 轴方向总切削力 RF3 时程曲线

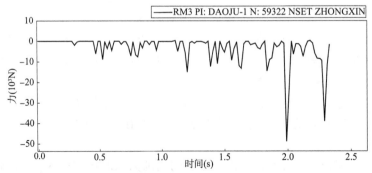

图 10-26　铣刨鼓总铣刨扭矩 RM3 时程曲线

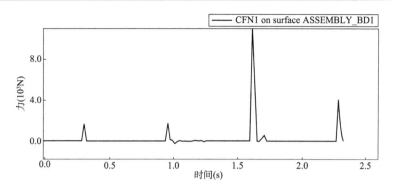

图 10-27　单把刀具上的 X 轴方向切削力 CFN1 时程曲线

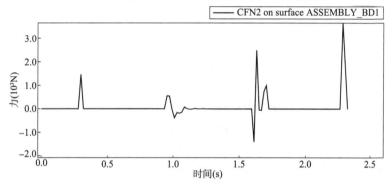

图 10-28　单把刀具上的 Y 轴方向切削力 CFN2 时程曲线

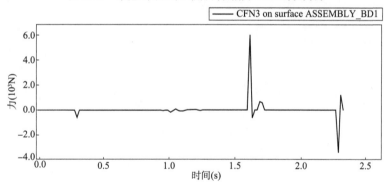

图 10-29　单把刀具上的 Z 轴方向切削力 CFN3 时程曲线

思考题

1. 请尝试使用 SPH-FEM 方法(具体材料设置方法请参考本书第五章)模拟铣刨过程。
2. 请尝试使用单元失效删除方法(具体材料设置方法请参考本书第四章)模拟铣刨过程。

第三篇

桥隧工程装备数值仿真

  本篇针对桥梁、隧道建设过程的关键环节中,典型的工程装备与土木工程材料的相互作用过程,以及桥隧结构体承载特性开展数值仿真。具体包括:TBM 破岩和出碴过程数值仿真,钢筋混凝土构件受载过程数值仿真。各章沿着设备基本结构与工作原理、数值仿真设计、数值仿真建模与分析的思路展开。

第十一章　TBM 破岩和出碴过程数值仿真

TBM 是隧道掘进机的英文 tunnel boring machine 的缩写，是一种依靠刀盘旋转推进破岩，隧道支护与出碴同时进行，并使隧道全断面一次成形的重大高端工程装备。其通常以岩石地层为掘进对象。相比于传统的隧道钻爆施工方法，TBM 工法具有施工速度快、安全、环保的显著优势。随着我国大型隧道工程，如大型区域调水工程、大型山岭隧道工程和能源工程的建设，TBM 正成为大型隧道施工的首选装备，也逐步应用于煤矿等多个领域。高效破岩和连续出碴是决定 TBM 快速、安全掘进的关键环节，本章聚焦 TBM 破岩和出碴两个基本物理过程，使用数值仿真和室内试验相结合的方法，对其性能进行分析探讨。

第一节　TBM 类型、核心部件与工作原理

一、TBM 类型

TBM 具有掘进、出碴、导向、支护四大基本功能，对于复杂地层，还配备超前地质预报设备。TBM 的传统机型主要有开敞式 TBM、单护盾式 TBM、双护盾式 TBM 三种。

开敞式 TBM 如图 11-1 所示，除部分机型机头上方约 120°范围内有栅格式防护外，其余大部分作业构建都暴露于隧道空间；支护方式灵活，一般用于较为稳定的硬岩地质。

图 11-1　"永吉号"开敞式 TBM（中铁工程装备集团有限公司研制，直径 8.03m，用于吉林引松供水工程）

单护盾式 TBM 如图 11-2 所示，其将机头置于护盾的保护之下，大大提高了施工安全性；适用于强度不高的围岩，以及有一定自稳性、埋深浅（地应力小）的软岩（5~60MPa）。

双护盾式 TBM 如图 11-3 所示，其前护盾与后护盾为可伸缩式连接，并在后护盾内设置了侧向支撑靴，能适应不同围岩，即使是软弱岩石和断层破碎带，采用适当的措施也可安全通过。

图 11-2 "中铁 783 号"单护盾式 TBM(中铁工程装备集团有限公司研制,
直径 11.09m,用于澳大利亚 Snowy Hydro 2.0 项目)

图 11-3 "新水源二号"双护盾式 TBM(中铁工程装备集团有限公司研制,
直径 5.48m,用于兰州水源地引水项目)

二、TBM 刀盘与滚刀

1. 刀盘结构与功能

刀盘是 TBM 的核心部件,也是最大的钢结构件,如图 11-4a)所示,主要组成部件有刀盘钢结构主体、滚刀座及滚刀、铲斗和铲齿、喷水装置与旋转接头、人孔、耐磨板等。刀盘按照总体结构形式,可以分为平面式、锥面式、球面式以及多级刀盘等,适用于不同地质条件;按照分块方式,可分为中心对分式、偏心对分式、中方五分式、中六角七分式等,适应不同运输和制造要求。

刀盘主要功能有按一定设计规则安装刀具,破岩并铲碴、溜碴,向掌子面喷水并防止粉尘向后侧逸散,供施工人员通过刀盘进入前部观察掌子面。刀盘运动特性为在掘进过程中沿掘进机轴线向前做直线运动,同时绕掘进机轴线做单向回转运动,是典型的螺旋运动。

2. 滚刀结构与类型

滚刀是 TBM 用于破碎岩石的工具,由刀圈、刀体、轴承、密封环、刀轴等组成,如图 11-4b)所示。滚刀按在刀盘上的安装位置,分为中心刀、正滚刀、边滚刀;按刀圈的数目,分为单刃滚刀、双联滚刀、多联滚刀;按刀刃的截面形状,分为 V 形滚刀、CCS 型盘形滚刀、球齿形滚刀;按刀圈直径,分为最早的 11in[①] 滚刀,现在的 17in、19in 乃至 21in 滚刀。

---

① 1in = 0.0254m。

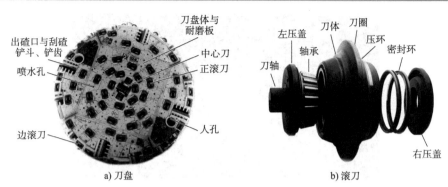

图 11-4　TBM 刀盘与滚刀

滚刀在刀盘上的布置是 TBM 刀盘设计的关键环节，直接关系刀盘的整体受力，影响刀盘的整体性能和使用寿命，同时影响着滚刀的破岩效率和掘进速率，决定了刀盘掘进性能。目前常用的滚刀布局模式有星条式、多螺旋线式和随机式。滚刀布置设计主要分为滚刀径向和周向布置设计。径向布置设计主要是指刀刃间距的设计，即在滚刀群径向展开图上相邻两把滚刀刃的径向间距的设计，如图 11-5 所示；周向布置设计是指在刀刃间距确定之后，对滚刀的安装极角进行设计。

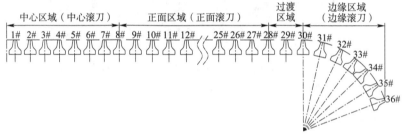

图 11-5　滚刀群径向展开图

三、TBM 破岩与出碴原理

1. TBM 滚刀破岩原理

滚刀在刀盘推力作用下压入岩石，同时随同刀盘在掌子面上以同心圆环滚压，迫使岩石内部萌生主裂纹和侧向裂纹，当相邻滚刀切痕下方岩石中的侧向裂纹相互贯通时，岩石以片状岩碴的形式从掌子面剥离，如图 11-6 所示。岩石的破碎是挤压、剪切、张拉的综合作用，其关键物理过程包括刀下密实核的形成与演化，以及刀间裂纹的萌生与扩展。

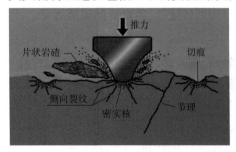

图 11-6　滚刀破岩原理示意图

2. TBM 刀盘出碴原理

如图 11-7 所示，TBM 刀盘出碴过程：岩石在刀具的滚压作用下以片状岩碴的形式从掌子面剥离，靠自重落至隧道底部形成碴堆；随着刀盘的回转和推进，岩碴被刮碴铲斗拾起并推挤进入刀盘仓；随着刀盘进一步回转，进入刀盘仓的碴堆被抬升，并沿溜碴板滑落至位于刀盘背面中心处的料斗中，随后落至皮带出碴机上，最后由二级皮带机连续转运至洞外。

图 11-7 TBM 出碴过程示意图
1-落碴;2-铲碴;3-岩碴抬升;4-溜碴;5-皮带机运碴

第二节　滚刀破岩过程数值模型构建

一、开展滚刀破岩过程数值仿真的意义

滚刀破碎岩石是整个 TBM 掘进施工的最前端、最基本的问题。研究刀具破岩机理可为刀具选型设计、刀具布局、刀盘选型设计、掘进参数选取、掘进效率评价、滚刀载荷和消耗预测、掘进性能预测模型搭建等提供理论基础。

目前开展滚刀破岩研究的主要方法有现场掘进试验、室内破岩试验和数值仿真,如图 11-8 所示。数值仿真是研究滚刀破岩机理的有效手段,最常用的是有限元与离散元方法,二者相比于现场和室内试验,可以获取更全面、更深层的数据和信息,且便于开展。

a) 首尔大学全尺度直线破岩试验台　　b) 北京工业大学全尺度直线破岩试验台　　c) 盾构及掘进技术国家重点实验室回转破岩试验台

d) 天津大学回转破岩试验台　　e) 盾构及掘进技术国家重点实验室回转破岩试验台　　f) 盾构及掘进技术国家重点实验室回转破岩试验台　　g) 盾构及掘进技术国家重点实验室回转破岩试验台

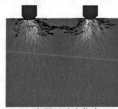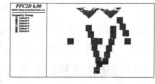

h) 有限元破岩仿真　　i) 有限元破岩仿真　　j) 离散元破岩仿真　　k) 离散元破岩仿真

图 11-8 滚刀破岩研究的室内试验与数值仿真

二、基于有限元软件 ABAQUS 的滚刀破岩过程数值模型构建

1. 仿真方法和软件的选取

滚刀破岩是一个复杂非线性动态侵彻过程,选取擅长求解非线性问题的有限元软件 ABAQUS,选用 Explicit 模块进行建模与分析。

2. 仿真模型的建立

(1)仿真模型的简化。

实际的滚刀破岩过程为沿空间螺旋线的连续贯入。对模型进行简化和设置:①建立与实际情况相近的三维仿真模型;②仅研究相邻两把滚刀的破岩过程;③采用类似全尺度直线破岩试验平台,直接设定滚刀贯入深度并保持恒定,滚刀破岩模式设为双刀直线切割模式。本例的单位为 mm、N、s、MPa、t/mm^3。

(2)几何建模。

①启动 ABAQUS/CAE,创建一个新的模型,命名为 Model-1,保存模型为 Model-1.cae。

②创建岩石部件。进入部件模块,单击工具箱中的 按钮,弹出"创建部件"对话框,在"名称"中输入"rock",将"模型空间"设为"三维"、"类型"设为"可变形",再将"基本特征"中的"形状"设为"实体"、"类型"设为"拉伸"、"大约尺寸"设为"2000",单击"继续"按钮,进入草图环境。

单击 按钮,依次输入(250,500),(-250,500),(-250,-500),(250,-500),(250,500),单击鼠标中键,建立 1000mm×500mm 的矩形。单击鼠标中键,在弹出的"编辑基本拉伸"对话框中将"深度"设为"200",单击"确定"按钮。

③创建滚刀部件。单击工具箱中的 按钮,打开"创建部件"对话框,在"名称"中输入"cutter",将"模型空间"设为"三维"、"类型"设为"可变形",将"基本特征"中的"形状"设为"实体"、"类型"设为"旋转"、"大约尺寸"设为"1000",单击"继续"按钮,进入草图环境。单击 +(创建点)按钮,依次输入坐标(0,30),(149.4,30),(166.7,15),(166.7,-15),(149.4,-30),(0,-30);单击 按钮,输入圆心坐标(207,-1.2),再依次输入两个端点坐标(216,5.5),(207,10),输入圆心坐标(207,1.2),输入两个端点坐标(216,-5.5),(207,-10),完成两段圆弧创建;单击 按钮,连接所创的坐标点及两段圆弧,形成封闭环路,单击鼠标中键。再次单击鼠标中键,弹出"编辑旋转"对话框,设置"角度"为"360",单击"确定"按钮。单击 按钮,单击刀体侧面,并点击该圆的边线,进入草图界面。单击 按钮,输入圆心坐标(0,0),输入两个端点坐标(64.5,92.8),(64.5,-92.8),输入圆心坐标(0,0),输入两个端点坐标(-64.5,-92.8),(-64.5,92.8),完成两段圆弧创建;单击 按钮,依次连接两段圆弧,形成封闭环路,单击鼠标中键。再次单击鼠标中键,弹出"编辑切削拉伸"对话框,设置"类型"为"通过所有",单击"确定"按钮,得到 cutter 部件。

(3)创建材料和截面属性。

①创建材料。进入属性模块,单击工具箱中的 按钮,弹出"编辑材料"对话框,设置材料"名称"为"Material-cutter",选择"通用"→"密度"选项,设置"质量密度"为

"7.8e-09";选择"力学"→"弹性"选项,设置"杨氏模量"为"210000"、"泊松比"为"0.3",单击"确定"按钮。再次单击 (创建材料)按钮,弹出"编辑材料"对话框,设置材料"名称"为"Material-rock",选择"通用"→"密度"选项,设置"质量密度"为"2.6e-09";选择"力学"→"弹性"选项,设置"杨氏模量"为"17500"、"泊松比"为"0.3";选择"力学"→"塑性"→"Drucker Prager"选项,设置"摩擦角"为"55"、"流应力比"为"0.778"、"膨胀角"为"10",单击右上角"子选项"中的"Drucker Prager 硬化",设置"硬化行为类型"为"压缩"、"屈服应力"为"37.5"、"绝对塑性应变"为"0",其余参数保持默认设置,单击"确定"按钮;选择"力学"→"延性金属损伤"→"剪切损伤"选项,设置"Ks"为"0",设置"断裂应变"为"0.006"、"剪应力比"为"1.5"、"应变比"为"0",单击右上角"子选项"中的"损伤演化",设置"类型"为"位移"、"软化"为"线性"、"退化"为"最大"、"破坏位移"为"0.5",依次单击"确定"按钮。

②创建截面属性。单击工具箱中的 (创建截面)按钮,在"创建截面"对话框中,将"名称"设为"Section-cutter",选择"类别"为"实体"、"类型"为"均质",单击"继续"按钮,进入"编辑截面"对话框,"材料"选择"Material-cutter",单击"确定"按钮;同样步骤完成 Section-rock 的定义,"材料"选择"Material-rock",完成截面的定义。

③赋予截面属性。部件选择 cutter,单击 (指派截面)按钮,取消勾选提示栏中的"创建集合"按钮,选中整个 cutter 部件模型,单击鼠标中键,在弹出的"编辑截面指派"对话框中,"截面"选择"Section-cutter",单击"确定"按钮,把截面属性赋予部件 cutter。同理,把 Section-rock 截面属性赋予部件 rock。

(4)定义装配件。

①建立装配体,如图 11-9a)所示。进入装配模块,单击工具箱中的 (创建实例)按钮,按住 Shift 键依次选中部件"cutter"和"rock",在"实例类型"栏选择"非独立",单击"确定"按钮。

②调整装配体位置,如图 11-9b)所示。单击工具箱中的 (平移实例)按钮,选取 cutter 部件,单击鼠标中键,输入点(0,0,0),单击鼠标中键,再次输入(50,-550,-211),点击"确定"按钮;单击工具箱中的 (旋转实例)按钮,选取刚移动的 cutter 部件,单击鼠标中键,输入点(50,-550,5),单击鼠标中键,再次输入(50,-550,-427),单击鼠标中键,"转动角度"设为"90",单击鼠标中键,点击"确定"按钮,完成 cutter 的装配;点击 (线性阵列)按钮,选中 cutter 部件,方向 2 中的"个数"设为"1",方向 1 中的"个数"设为"2","偏移"设为"100",点击 (翻转)按钮,使滚刀大致在岩石中间位置。

③创建参考点与集。单击工具栏中的"参考点"按钮。输入坐标(50,-550,-211)作为 RP-1,再次输入坐标(-50,-550,-211)作为 RP-2,如图 11-9c)所示,完成两把滚刀参考点的建立。再次单击"工具"→"集"→"创建",在弹出的"创建集"对话框中将"名称"设为"cutter1","类型"设为"几何",点击"继续"按钮,框选其中一把滚刀部件,点击鼠标中键完成创建,如图 11-9d)所示;同样步骤创建另一把滚刀集"cutter2"。单击"工具"→"表面"→"创建",在弹出的"创建表面"对话框中将"名称"设为"Surf-1","类型"设为"几何",点击"继续"按钮,按住 Shift 键依次选取与岩石部件相接触的表面,如图 11-9e)所示,点击鼠标中键完成;同样步骤创建另一把滚刀的表面"Surf-2"。

(5)设置分析步。

①定义分析步。进入分析步模块,单击工具箱中的 (创建分析步)按钮,在弹出的"创

建分析步"对话框中选择"通用:动力,显示",点击"继续"按钮。在弹出的"编辑分析步"对话框中,设置"时间长度"为"10","几何非线性"设为"开";打开"质量缩放"选项卡,点击"使用下面的缩放定义"下的"创建"按钮,在弹出的"编辑质量缩放"对话框中将"类型:按系数缩放"设为"1000",点击"确定"按钮,其他参数均保持默认设置,再次点击"确定"按钮,完成分析步定义。

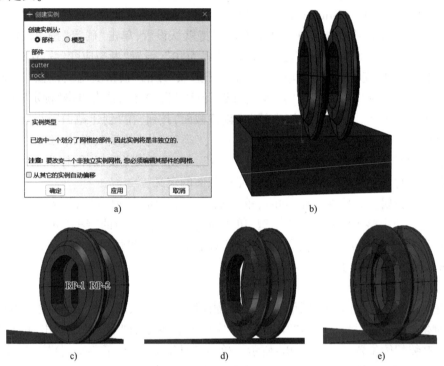

图 11-9 定义装配件

②设置场变量输出。单击工具箱中的 ▦(场输出管理器)按钮,选择其中的"F-Output-1",单击"编辑"按钮,在弹出的"编辑场输出请求"对话框中设置"间隔"为"200",其他参数默认不变,单击"确定"按钮,完成输出变量的定义。

③设置历程变量输出。单击工具箱中的 ▦(历程输出管理器)按钮,选择"H-Output-1",单击"编辑"按钮,在弹出的"编辑历程输出请求"对话框中设置"间隔"为"200",其他参数默认不变,单击"确定"按钮;单击"创建"按钮,"名称"设为"CFN3-1",点击"继续"按钮,"作用域"设为"通用接触表面,Surf-1"、"频率"设为"均匀时间间隔"、"间隔"设为"200","输出变量"选择"CFN3-1",其他参数默认不变,单击"确定"按钮;按同样操作完成"CFN3-2"的建立,"作用域"设为"通用接触表面,Surf-2",完成输出变量的定义。

(6)接触设置。

①定义接触。进入相互作用模块,单击 ▦(创建相互作用属性)按钮,"类型"设为"接触",点击"继续"按钮,在"编辑接触属性"对话框选取"力学"→"切向行为","摩擦公式"设为"罚","摩擦系数"设为"0.3",选取"力学"→"法向行为","压力过盈"设为"'硬'接触",其他参数保持默认设置,单击"确定"按钮。单击 ▦(创建相互作用)按钮,使用默认命名 Int-

1,"分析步"选择"Initial","可用于所选分析步的类型"设为"通用接触(Explicit)",单击"继续"按钮。在"编辑相互作用"对话框中,"接触领域"选择"全部*含自身","属性指派"→"接触属性"→"全局属性指派"栏选择"IntProp-1",单击"确定"按钮。

②定义约束。单击 ◁(创建约束)按钮,在"类型"栏选取"刚体",单击"继续"按钮,在"编辑约束"对话框中,"区域类型"选取"体(单元)",单击右侧的 ▷(编辑)按钮,在视图区选择 cutter1 的几何模型,单击鼠标中键完成。在"编辑约束"对话框中单击"参考点"区域"点"栏后面的 ▷(编辑)按钮,在视图区选择 cutter1 的参考点"RP-1",单击"确定"按钮完成。按同样步骤完成 cutter2 刚体类型的选取。

(7) 定义边界条件和载荷。

进入载荷模块,单击工具箱中的 ▦(创建边界条件)按钮,在"创建边界条件"对话框中设置边界条件"名称"为"BC-1"、"分析步"为"Initial"、边界条件"类别"为"力学"、"可用于所选分析步的类型"为"对称/反对称/完全固定",单击"继续"按钮。选择岩石的底侧面,单击鼠标中键,在"编辑边界条件"对话框中选择"完全固定"单选按钮,点击"确定"按钮,约束所有自由度。

再次单击工具箱中的 ▦(创建边界条件)按钮,在"创建边界条件"对话框中设置边界条件"名称"为"BC-2"、"分析步"为"Step-1"、边界条件"类别"为"力学"、"可用于所选分析步的类型"为"速度/角速度",单击"继续"按钮。按住 Shift 键选取"RP-1"和"RP-2",单击鼠标中键,在"编辑边界条件"对话框中设置"U1:0、U2:100、U3:0、UR2:0、UR3:0","幅值"为"(瞬时)",单击"确定"按钮。

(8) 划分网格。

在网格模块,对 rock 部件和 cutter 部件划分网格。滚刀与岩石接触区域网格划分比非接触区域网格划分密集,计算精度更高;由于滚刀为刚体,网格划分可较为稀疏以提高计算效率。

① rock 网格划分。

与滚刀相接触的部分需要细化网格,因此将 rock 部件进行拆分。单击工具箱中的 ▦(创建基准平面:从主平面偏移)按钮,选择下方的"偏移参考的主平面:XY 平面","偏移"设为"50",单击鼠标中键确认。长按 ▦(拆分几何元素:定义切割平面)按钮,在弹出的工具条中选择 ▦(拆分几何元素:使用基准平面)按钮,长按鼠标左键框选整个 rock 部件,单击鼠标中键,选择刚创建的基准面,单击鼠标中键确认,完成 rock 部件的切割。

单击工具箱中的 ▦(为边布种)按钮,按住 Shift 键选取图 11-10a)所示的线框,单击鼠标中键确认,在弹出的"局部种子"对话框中,"基本信息"栏的"方法"选取"按尺寸","尺寸控制"栏的"近似单元尺寸"设为"10",其他参数默认不变,点击"确定"按钮。再次选取图 11-10b)所示的线框,"近似单元尺寸"设为"5",点击"确定"按钮。

单击工具箱中的 ▦(指派网格控制属性)按钮,弹出"网格控制属性"对话框,在"单元形状"选项中选择"六面体",采用"结构"网格技术,单击"确定"按钮,完成控制网格划分选项的设置。

单击工具箱中的 ▦(指派单元类型)按钮,框选整个 rock 部件,单击鼠标中键,弹出"单元类型"对话框,"单元库"设为"Explicit","簇"设为"三维应力","单元控制属性"栏下的"单元删除"设为"是",其他参数保持默认设置,单击"确定"按钮。

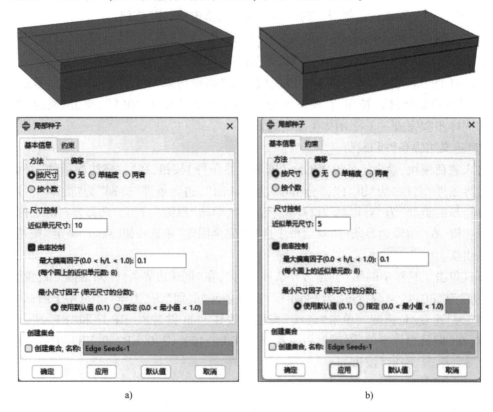

图 11-10 rock 网格绘制

单击工具箱中的 ![] (为部件划分网格)按钮,单击提示区中的"是"按钮,完成网格划分,如图 11-11 所示。

②cutter 网格划分。

首先将滚刀部件进行拆分,便于网格的划分。单击 ![] (拆分几何元素:定义切割平面)按钮,选择"垂直于边",选取图 11-12 所示的边,并选择边上的一点,单击鼠标中键完成。再次框选整个 cutter 部件,单击鼠标中键,选择"垂直于边",并选择边上的一点,单击鼠标中键完成切割。

图 11-11 rock 网格绘制完成效果　　　　图 11-12 cutter 部件拆分

单击工具箱中的 ![] (种子部件)按钮,在弹出的"全局种子"对话框中,"尺寸控制"栏的"近似全局尺寸"设为"15",其他参数保持默认设置,点击"确定"按钮。

128

单击工具箱中的 ■(指派网格控制属性)按钮,弹出"网格控制属性"对话框,在"单元形状"选项中选择"六面体",采用"扫掠"网格技术,其他参数默认不变,单击"确定"按钮,完成控制网格划分选项的设置。

单击工具箱中的 ■(指派单元类型)按钮,框选整个 cutter 部件,单击鼠标中键,弹出"单元类型"对话框,"单元库"设为"Explicit","簇"设为"三维应力",其他参数保持默认设置,单击"确定"按钮。

单击工具箱中的 ■(为部件划分网格)按钮,单击提示区中的"是"按钮,完成网格划分,如图 11-13 所示。

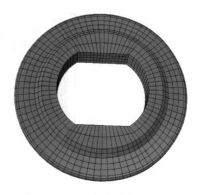

图 11-13 cutter 网格绘制完成效果

(9)提交分析作业。

进入作业模块,单击工具箱中的 ■(创建作业)模块,弹出"创建作业"对话框,在"名称"中输入"Job-qiexue",单击"继续"按钮,弹出"编辑作业"对话框,打开"并行"选项卡,"使用多个处理器"可根据自己电脑的 CPU 核数设置,其他参数保持默认设置,单击"确定"按钮,完成作业的创建。同时点击工具箱中的 ■(保存模型数据库)按钮进行模型的保存。单击"数据检查"按钮,可进行模型的检查,若报错,点击"监控"按钮进行错误检查;若未报错,点击"提交"按钮,进行模型的正式计算,同时可点击"监控"按钮进行进度查看。

(10)后处理。

作业分析完成后,单击"结果"按钮,进入可视化功能模块。

①显示未变形图。如图 11-14 所示,进入可视化模块,单击工具箱中的 ■(绘制未变形图)按钮,视图区中显示出模型未变形时的轮廓图,如图 11-14a)所示。单击 ■(通用选项)按钮,将"基本信息"选项栏中的"可见边"设置为"特征边",可隐藏掉网格,显示实体模型,如图 11-14b)所示。

a) 网格　　　　　　　　　　b) 实体

图 11-14 滚刀破岩未变形图

②显示变形图。单击 ■(在变形图上绘制云图)按钮,显示出变形后的实体模型,如图 11-15 所示。

③绘制滚刀法向力时程曲线。单击 ■(创建 XY 数据)按钮,在"创建 XY 数据"对话框里选择"ODB 历程变量输出",点击"继续"按钮,在打开的"历程输出"对话框里选择"Total force due to contact pressure: CFN3 on surface ASSEMBLY_SURF-1",单击"绘制"按钮,在视图区绘制 cutter1 的法向力时程曲线,如图 11-16 所示。

129

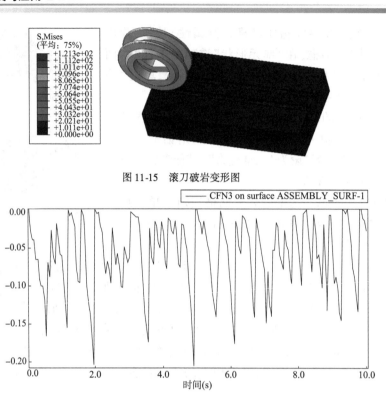

图 11-15　滚刀破岩变形图

图 11-16　滚刀法向力时程曲线

第三节　滚刀破岩仿真结果分析

一、数值模型的试验验证

为验证所建数值模型的可靠性,使用图 11-8g)所示的全尺度试验平台开展滚刀破岩试验,并与数值仿真结果对比。数值仿真所获取的滚刀法向力时程曲线如图 11-17 所示。

滚刀法向力时程曲线可以划分为 3 个阶段。0.6~2.6s 为第 2 阶段,滚刀 1 稳定切割岩石,法向力呈阶跃式变化,其数值在 0~200kN 间波动。滚刀 1 和 2 的平均法向力分别为 87.8kN 和 99.9kN,两者平均值为 93.85kN。试验中滚刀 1 和 2 的平均法向力分别为 105.7kN 和 86.5kN,两者平均值为 96.1kN。仿真和试验的法向力平均值较为接近,相对误差约为 2.3%,一定程度上验证了仿真模型的可靠性。需要说明的是滚刀破岩模型的可靠性要从破岩载荷(法向力与切向力)与破岩效果(岩碴质量与形状)等两个方面综合评价,此处暂不对破岩效果进行深入探讨。

二、刀间距对岩石破碎比能的影响

如本章第一节所述,刀间距是滚刀排布的关键参数之一,直接影响着岩石破碎效果。刀间距过大,相邻滚刀之间的岩石破碎不充分;刀间距过小,相邻滚刀之间的岩石过度破碎。上述两种情况均使得破岩效率低,因此需要确定最优刀间距,使得滚刀破岩效率最高。

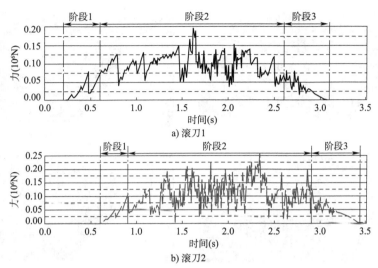

图 11-17 滚刀法向力时程曲线

岩石破碎比能是评价滚刀破岩效率的常用指标,指切削单位体积岩石所消耗的能量,岩石破碎比能越低表明破岩效率越高,其计算式为

$$\mathrm{SE} = F_{\mathrm{RM}} \cdot \frac{L}{V} \tag{11-1}$$

式中:SE——岩石破碎比能,MJ/m^3;

F_{RM}——平均滚动力,kN;

L——切削距离,mm;

V——岩碴体积,mm^3。

使用已验证的数值模型,设置刀间距分别为 60mm、70mm、80mm、90mm、100mm、110mm,开展 6 组滚刀破岩数值仿真,破岩效果如图 11-18 所示,破岩结果如表 11-1 所示。表 11-1 中,S 为刀间距,F_{NM1} 和 F_{NM2} 分别为滚刀 1 和滚刀 2 的平均法向力,F_{NA} 为两者平均值;F_{RM1} 和 F_{RM2} 分别为滚刀 1 和滚刀 2 的平均滚动力,F_{RA} 为两者平均值。

由图 11-18 可知,无论处于何种刀间距,滚刀正下方岩石都能很好地被破碎,而滚刀间岩石破坏情况差异较大。当刀间距为 60mm 时,两滚刀协同切削作用强烈,岩石过度破碎;当刀间距为 70mm、80mm、90mm 时,相邻滚刀间裂纹相互贯通使得碴块剥落,刀间岩石完全破碎;当刀间距为 100mm 时,裂纹在一定深度处延伸贯通形成片状碴,岩石部分破碎;当刀间距为 110mm 时,相邻滚刀切削载荷影响范围有限,刀间出现孤立岩脊,呈现双刀各自切削的特征,说明刀间距过大不能有效发挥滚刀间的协同切削作用。

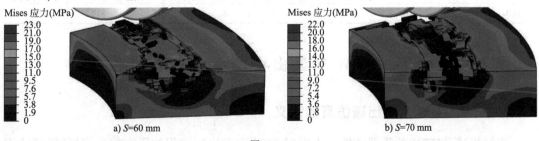

图 11-18

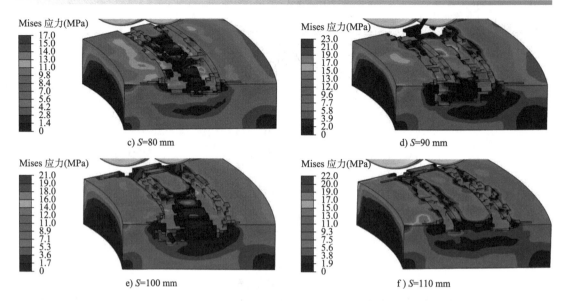

图 11-18 不同刀间距下滚刀破岩效果

由表 11-1 可知,随着刀间距的增大,所获得的碴量先增加后减少,其中刀间距为 90mm 时滚刀切削后得到的碴量最多。两滚刀法向力平均值随刀间距增大而略有增大,主要体现在滚刀 2 的平均法向力随刀间距增大而增大,这是因为滚刀 1 切削后形成的小临空面促进作用随着刀间距的增大而减弱,两滚刀滚动力平均值随刀间距增大的变化不显著,可能是由于贯入度较小,刀刃滚切作用不明显。岩石破碎比能随刀间距增大呈先减小后增大的趋势,当刀间距为 90mm 时,最小岩石破碎比能为 5.7MJ/m³,此时可以用相对最小的能量破碎最多的岩石,即切削效率最高;当刀间距从 60mm 增大至 90mm 时,切削状态由过度破碎状态向适度破碎状态转变,碴量增大,比能减小,切削效率提高;当刀间距从 90mm 增大至 110mm 时,切削状态由适度破碎状态向欠破碎状态转变,刀间逐渐出现大块岩脊,碴量减少,比能增大,切削效率降低。上述分析表明,最优刀间距约为 90mm。

不同刀间距下滚刀破岩结果　　　　　　　　表 11-1

S(mm)	F_{NM1}(kN)	F_{NM2}(kN)	F_{NA}(kN)	F_{RM1}(kN)	F_{RM2}(kN)	F_{RA}(kN)	V(cm³)	SE(MJ/m³)
60	91.3	96.2	93.8	7.9	8.4	8.1	916	6.5
70	86.4	94.2	90.3	7.5	8.6	8.0	953	6.2
80	86.7	100.5	93.6	7.3	8.7	8.0	982	6.1
90	83.1	100.4	91.8	7.1	9.0	8.1	1061	5.7
100	87.8	99.9	93.9	7.3	8.7	8.0	999	6.0
110	89.6	103.3	96.5	7.7	8.3	8.0	817	7.4

第四节　TBM 刀盘出碴过程数值模型构建

一、开展 TBM 刀盘出碴仿真的意义

连续出碴是 TBM 的重要功能。人们对 TBM 刀盘出碴过程的研究偏少,对其机理认识

不清,对于出碴口、刮碴铲斗等的设计大多停留在经验阶段,缺乏有力的理论依据,而出碴过程又直接影响着掘进速度、滚刀布局、刀盘强度、刀盘卡顿、滚刀磨损等,因此研究 TBM 刀盘出碴机理具有重要的理论意义和应用价值。

二、基于离散元软件 EDEM 的刀盘出碴数值模型构建

1. 仿真方法和软件的选取

选用基于离散元方法的软件 EDEM 开展数值模拟研究,该软件尤其适合构建大型机具与离散物料相互作用的数值模型。

2. 仿真模型的建立

EDEM 出碴模型建立流程如下:

(1)仿真模型的简化。

对模型进行简化和设置:①仅模拟图 11-7 所示的落碴、铲碴、溜碴过程,不考虑皮带机运碴;②仅对与出碴过程直接相关的几何结构(出碴口、刮碴铲斗)进行建模,省略滚刀、耐磨板、人孔、喷水孔等细节;③将岩碴等效为球体;④刀盘轴向推进速度为0,掌子面固定不动。

(2)刀盘模型导入与运动参数设置。

使用三维建模软件,如 Pro/E、SOLIDWORKS 对刀盘三维建模并输出 STL 格式文件,命名为 daopan.stl。创建 EDEM 模型文件,模型文件名称及所在的目录下不能出现特殊符号、中文等。右击"Geometries",左击"Import Geometry",将 STL 格式的刀盘文件导入 EDEM,生成刀盘的刚性墙体模型。右击"daopan",左击"Add Motion",左击"Add Linear Rotation Kinematic",为刀盘设置回转运动,设置运动的"Start Time"是 0s,"End Time"是 9999s;设置刀盘的回转速度"Initial Velocity"为 7r/min,加速度"Acceleration"为0;"Reference Space"选择"Local",勾选"Moves with Body",通过设置起点(0,0,−1)和终点(0,0,0)坐标以确定回转轴线及刀盘回转方向。

(3)增设颗粒。

右键单击"Bulk Material",点击"Add Bulk Material",新建颗粒材料并命名为"ball",设置物料参数,包括泊松比 0.25、密度 2600kg/m³、剪切模量 2.2×10^{10}Pa。右键单击"ball",点击"Add Particle",添加颗粒形状,选择颗粒为单球模型,根据当前级配设置球的半径,勾选"Auto Calculation",点击"Calculate Properties"进行参数更新。

(4)添加刀盘材料。

右键单击"Equipment Material",点击"Add Equipment Material",新建材料类型并命名为"steel",设置材料参数,包括泊松比 0.3、密度 7850kg/m³、剪切模量 8×10^{10}Pa。

(5)添加接触关系。

分别设置颗粒与颗粒(ball-ball)之间的接触参数,分别是碰撞恢复系数 0.3、静摩擦系数 0.5 和滚动摩擦系数 0.05,以及颗粒与刀盘材料(ball-steel)之间的接触参数,分别是碰撞恢复系数 0.5、静摩擦系数 0.4 和滚动摩擦系数 0.01。

(6)增设虚拟平面。

增加虚拟平面:选择"Geometries"→"Add Geometry"→"Polygon",命名为"zhangzimian";此处平面类型应是"Virtual",否则无法生成颗粒。对所添加的平面进行一定参数调整,将平

面调整到合适位置。

(7)建立颗粒工厂。

在虚拟平面上建立颗粒工厂。右键单击"zhangzimian",左击"Add Factory",进行颗粒工厂设置,工厂类型有动态和静态两种,根据出碴的实际要求选择动态工厂"dynamic",设置投料的"Start Time"是 0s,"Max Attempts to place particle"是 9999,"Generation Rate"选择每秒生成固定数量颗粒,根据计算得出每种颗粒对应生成数目。

(8)设置仿真环境。

"Domain"(仿真范围)选择从模型自动更新即可,确定重力加速度"Gravity: X 0m/s²、Y −9.8m/s²、Z 0m/s²"。

(9)模型检查。

完成以上步骤后进行数据参数检查,如果出现报错情况可能是因为颗粒特性没有选择自动计算或者材料接触不全,经检查无误后进行保存,后点击 (仿真设置)开始进行仿真设置。

(10)仿真设置。

选择自动时间步长(Auto),或设置时间步长为瑞利时间步长的15%~25%,仿真时长设置为90s,网格大小选用"Estimate Cell Size"估算,一般取"2.5R min"。根据计算机情况进行CPU 配置,点击 Progress: ▶(开始仿真),开始模拟仿真。待仿真结束后,进行数据处理。

3. 仿真模型的后处理

(1)建立分区。

右击"Setup Selections",选择"Add Selection",再选择"Grid Bin Group"建立网格,记录需要统计区域的颗粒参数。网格可根据自己需要的区域设置,选择"Center"(网格中心)、"Dimensions"(网格尺寸)、"Numbers of Bins"(合适的网格数量),调整后最终建立的网格区域如图 11-19 所示。

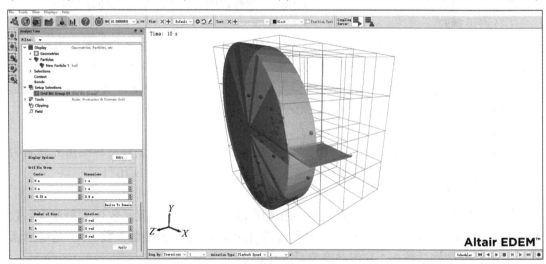

图 11-19 网格划分

(2)调整颗粒显示方式。

以显示颗粒速度为例,下拉"Display",选择"Particles","Representation"选择"Default",

颜色区分选择"Velocity","Levels"选择"3",按照速度等级赋予不同颜色用以区分,如图 11-20 所示。

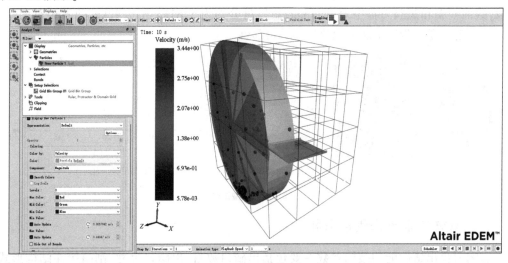

图 11-20　显示颗粒速度

(3)后处理数据。

以生成某区域颗粒质量的时变曲线为例。打开 ,选择折线图"Line",选择需要输出的区域,在"X-axis"中确定时间范围和时间间隔,在"Y-axis"的"Attribute"中选择主属性,如"Mass",选择组成"Total",下拉点击"Create Graph",如图 11-21 所示。

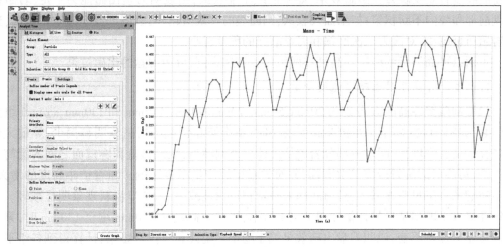

图 11-21　生成颗粒质量的时变曲线

第五节　TBM 刀盘出碴仿真结果分析

一、数值模型的试验验证

如图 11-22 所示,为验证所建数值模型,使用小型 TBM 刀盘出碴试验系统开展出碴试验,并建立与试验相一致的数值模型进行对比,对比的指标为各时间测点试验模型内部残余的岩碴质量。试验和数值模型内部残余岩碴质量随出碴过程变化的规律相似,在10~30s阶段,数值模型和试验刀盘中刀盘前部岩碴质量分别为5.81kg和6.42kg,两者相对误差为9.5%,一定程度上验证了所建数值模型的可靠性。

a) 小型TBM刀盘出碴试验系统

b) 出碴仿真效果

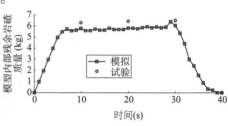
c) 仿真与试验结果对比

图 11-22 数值模型试验验证

二、TBM 刀盘出碴性能分析

影响刀盘出碴性能的结构参数主要包括出碴口数目、出碴口尺寸、刮碴铲斗结构形式、刮碴铲斗高度和宽度、溜碴板结构形式等。影响刀盘出碴性能的运转参数主要包括刀盘转速、推进速度。评价刀盘出碴性能的指标主要包括出碴率和残余岩碴量。出碴率可用单位时间排出的岩碴质量,或其与岩碴生成速度的比值来表示,比值越接近1,表明出碴效率越高、出碴效果越好;残余岩碴量指刀盘前部下方和刀盘腔体内部的岩碴质量,残余岩碴量的时变曲线能直观反映刀盘出碴效果,如果曲线不能收敛,则表明刀盘出碴能力不足,岩碴在刀盘前部和腔内不断积聚;如果曲线收敛,则曲线的收敛值越小,表明刀盘出碴效率越高,残余岩碴质量越小,对滚刀二次磨损和刀盘磨损的程度越小。

下面以平面刀盘刮碴铲斗高度和两级刀盘转速为例,分析刀盘的出碴效果。

1. 刮碴铲斗高度对出碴性能的影响

设置刮碴铲斗高度 H 分别为 30mm、50mm、70mm、90mm、110mm 和 130mm,进行 6 组数值仿真,如图 11-23 所示。当铲斗高度较小时,单个铲斗铲起的岩碴量明显偏少,导致大量岩碴在隧道底部堆积,同时一部分岩碴从出碴口外侧溢出,流入刀盘和隧道面之间的圆筒形缝隙中,可能对边滚刀造成二次磨损,并对刀盘运转产生不良影响。随着铲斗高度的增大,铲斗铲起的岩碴量明显增大,隧道底部岩碴堆积量明显减小,出碴口溢料现象明显减轻。不同铲斗高度下的出碴量累计值如图 11-24 所示,当铲斗高度从 110mm 增至 130mm 时,累计出碴量基本保持不变,说明刀盘出碴效果趋于稳定。统计 6 组仿真结果,计算得到各组平均出碴速度分别为 12.4kg/s、21.1kg/s、28.4kg/s、33.5kg/s、34.2kg/s 和 34.4kg/s,各组出碴率分别为 36%、61.3%、82.6%、97.4%、99.4% 和 100%。

上述分析说明,当铲斗高度为 110mm(比滚刀高度小 50mm)时,岩碴可以充分排出;当铲斗高度为 130mm(比滚刀高度小 30mm)时,刀盘出碴率达到 100%。上述结果与铲斗高度比滚刀高度低 30~50mm 的出碴结构设计原则相符合。实际设计中,为了提高出碴率,可选取略大的铲斗高度;在保证出碴性能的前提下,为了减小铲斗因刮蹭岩面而损坏的风险,可适当减小铲斗高度。

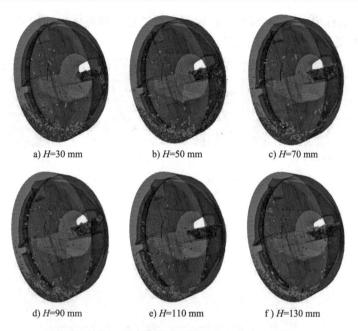

图 11-23　不同刮碴铲斗高度下平面刀盘出碴效果

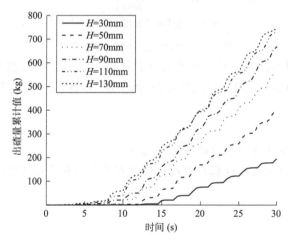

图 11-24　不同刮碴铲斗高度下平面刀盘出碴量累计值

2. 刀盘转速对出碴性能的影响

设置刀盘转速 n 分别为 4r/min、7r/min、10r/min 和 13r/min，进行 4 组数值仿真，如图 11-25所示。四个评价指标 M_{1Q}、M_{1N}、M_{2Q}、M_{2N} 分别表示一级刀盘前部、一级刀盘腔内、二级刀盘前部、二级刀盘腔内的残余岩碴质量。当刀盘转速为 4r/min、7r/min 时，M_{1Q}、M_{1N}、M_{2Q}、M_{2N} 均可收敛、小于 500kg，说明此时各级刀盘均可顺利出碴；当刀盘转速为 10r/min 时，M_{1N} 和 M_{2N} 开始增大，尤其是 M_{2N} 明显增大，但 M_{1Q} 和 M_{2Q} 仍处于低值，说明此时刀盘腔体内岩碴开始积聚，但刀盘前部岩碴积聚不明显，因为刀盘转速过大时，一级刀盘腔体内的岩碴簇来不及完全通过背部出碴口，二级刀盘腔体内的岩碴则由于高速度和大离心力而无法完全通过接碴斗排出计算域；当刀盘转速为 13r/min 时，M_{1N} 和 M_{2N} 进一步增大，尤其是 M_{2N} 相比其他转速下的各指标增大了一个数量级,说明此时二级刀盘腔体内的岩碴几乎无法排出,但 M_{1Q} 和 M_{2Q} 并未显著增大且仍处于低值。

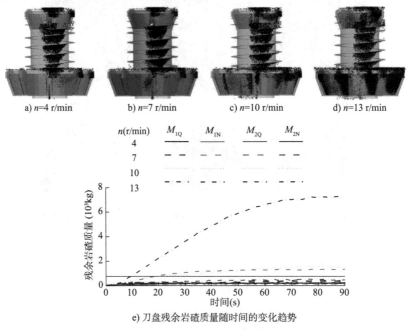

e) 刀盘残余岩碴质量随时间的变化趋势

图 11-25 刀盘转速对出碴性能的影响

上述分析表明,刀盘转速主要影响着刀盘腔体内尤其是二级刀盘腔体内的残余岩碴质量,当刀盘转速超过 10r/min 时,刀盘腔体内开始出现不同程度的岩碴积聚问题。

 思考题

1. 一般从哪些角度分析和评价滚刀破岩过程?
2. 哪些因素影响刀盘出碴过程?刀盘出碴过程又是如何影响 TBM 掘进性能的?

第十二章 钢筋混凝土构件受载过程数值仿真

钢筋混凝土结构是指用配有增强钢筋的混凝土制成的结构,其承重的主要构件是用钢筋混凝土建造的。钢筋混凝土结构中的钢筋承受拉力,混凝土承受压力,其具有坚固、耐久、防火性能好、比钢结构节省钢材和成本低等优点。

混凝土的抗拉强度远低于抗压强度,因而素混凝土结构不能用于受拉应力作用的梁和板。如果在混凝土梁、板的受拉区内配置钢筋,则混凝土开裂后的拉力即可由钢筋承担,这样就可充分发挥混凝土抗压强度较高和钢筋抗拉强度较高的优势,共同抵抗外力的作用,提高混凝土梁、板的承载能力。

钢筋与混凝土两种不同性质的材料能有效地共同工作,是由于硬化后的混凝土与钢筋之间产生了黏结力。该黏结力由分子力(胶合力)、摩阻力和机械咬合力三部分组成。其中起决定性作用的是机械咬合力,占总黏结力的一半以上。将光面钢筋的端部制作成弯钩,以及将钢筋焊接成钢筋骨架和网片,均可增强钢筋与混凝土之间的黏结力。为保证钢筋与混凝土之间的可靠黏结和防止钢筋被锈蚀,钢筋周围须留有一定厚度的混凝土保护层。若结构处于有侵蚀性介质的环境中,保护层厚度还要加大。

第一节 钢筋混凝土梁体受载过程数值建模与分析

钢筋混凝土梁是用钢筋混凝土材料制成的梁。钢筋混凝土梁既可作为独立梁,也可与钢筋混凝土板组成整体的梁-板式楼盖,或与钢筋混凝土柱组成整体的单层或多层框架。钢筋混凝土梁形式多种多样,是房屋建筑、桥梁建筑等工程结构中最基本的承重构件,应用范围极广。钢筋混凝土梁按其截面形式,可分为矩形梁、T形梁、工字梁、槽形梁和箱形梁;按其施工方法,可分为现浇梁、预制梁和预制现浇叠合梁;按其配筋类型,可分为钢筋混凝土梁和预应力混凝土梁;按其结构简图,可分为简支梁、连续梁、悬臂梁、主梁和次梁等。

相比于常规的试验测试,采用数值仿真手段分析钢筋混凝土梁受载过程中的应力、变形乃至破裂问题,在评价钢筋混凝土梁本身质量是否可靠、支撑和加载位置是否合理、承受既定载荷的能力是否足够等方面,具有非常方便、准确的优势。

1. 问题描述

利用 ABAQUS 有限元软件分析钢筋混凝土梁受力特性,为了防止钢筋混凝土梁局部受压破坏,在支点和受力点处设置厚度为 6mm 的钢垫片。梁截面尺寸如图 12-1 所示。

2. 材料特性

(1)混凝土:C50。

(2)钢筋:弹性模量 $E=2.06\times10^5$ MPa,泊松比 $\mu=0.3$,屈服强度为 2.1×10^2 MPa。

(3)垫块:弹性模量 $E=2.1\times10^6$ MPa,泊松比 $\mu=0.3$。

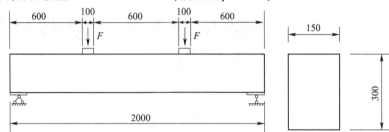

图 12-1 梁的截面尺寸(尺寸单位:mm)

3. 启动 ABAQUS/CAE

启动 ABAQUS/CAE 后,选择"Create Model Database",创建新模型数据库。

4. 创建部件

在 ABAQUS/CAE 窗口顶部的环境栏中,选择进入 Part 模块。

(1)创建混凝土部件。

①创建部件。

点击左侧工具区中的 ,弹出"创建部件"对话框。在"名称"选项后输入"beam",将"模型空间"设置为"三维","基本特征"设置为"实体","类型"选择"拉伸","大约尺寸"选项后输入"3"。点击"继续"按钮,进入二维绘图界面。

②绘制二维图形。

点击左侧工具区的 ,在提示区输入坐标(-1,0),根据提示依次输入(-1,0.3)、(1,0.3)、(1,0)和(-1,0),点击鼠标中键确认。绘图区出现二维几何模型,点击鼠标中键退出画线工具。点击左侧工具区的 对二维模型进行尺寸标注。

③生成三维模型。

在绘图区点击鼠标中键,弹出"编辑基本拉伸"对话框,"深度"项输入"0.15",点击"确定"按钮。绘图区显示钢筋混凝土梁的三维模型。

(2)创建垫片部件。

①创建部件。

点击左侧工具区中的 ,弹出"创建部件"对话框。在"名称"后输入"plate1",将"模型空间"设置为"三维","类型"选择"拉伸",其他参数保持默认值不变。点击"继续"按钮,进入二维绘图界面。

②绘制二维图形。

选择工具区的 ,在提示区输入坐标(0,0),根据提示依次输入(0,0.06)、(0.2,0.06)、(0.2,0)和(0,0),点击鼠标中键确认。绘图区出现二维几何模型,点击鼠标中键退出画线工具。点击左侧工具区的 进行尺寸标注。

③生成三维模型。

在绘图区点击鼠标中键,弹出"编辑基本拉伸"对话框,"深度"项输入"0.15",点击"确定"按钮。绘图区显示垫块的三维模型。

利用同样的方法创建 plate2 部件,其二维几何模型坐标分别为(0,0)、(0,0.06)、(0.1,

0.06)和(0.1,0)。

(3)创建横筋部件。

①创建部件。

点击左侧工具区中的 ■(创建部件),弹出"创建部件"对话框。在"名称"后输入"gujin",将"模型空间"设置为"三维","形状"设为"线",其他参数保持默认值不变。点击"继续"按钮,进入二维绘图界面。

②绘制二维图形。

点击左侧工具区 ∼(创建线),在提示区输入坐标(0,0.035),根据提示依次输入(0,0.265)、(0.08,0.265)、(0.08,0.035)、(0,0.035),点击鼠标中键确认。绘图区出现二维模型,点击鼠标中键退出画线工具。点击左侧工具区的 ↗(尺寸标注工具)进行尺寸标注。

③生成三维模型。

在绘图区点击鼠标中键,绘图区出现箍筋的三维模型。

(4)创建纵筋部件。

①创建部件。

点击左侧工具区中的 ■(创建部件),弹出"创建部件"对话框。在"名称"后输入"shouyajin",将"模型空间"设置为"三维","形状"设为"线",其他参数保持默认值不变。点击"继续"按钮,进入二维绘图界面。

②绘制二维图形。

点击左侧工具区 ∼(创建线),在提示区输入坐标(-0.95,0.265),根据提示输入(0.95,0.265),点击鼠标中键确认。绘图区出现二维模型,点击鼠标中键退出画线工具。点击左侧工具区的 ↗(尺寸标注工具)进行尺寸标注。

③生成三维模型。

在绘图区点击鼠标中键,绘图区出现受压筋的三维模型。

利用同样的方法创建受拉筋部件,其二维模型坐标为(-0.95,0.035)、(0.95,0.035)。

5. 创建材料和截面属性

在窗口环境栏的模块列表中选择属性功能模块,进入属性模块,在此模块中选择定义混凝土、钢筋和垫片材料的本构模型和截面特性,并将截面特性赋予相应的部件。

(1)创建材料。

①混凝土本构模型。

点击左侧工具区的 ▨(创建材料),弹出"编辑材料"对话框,在"名称"后输入"concrete"。在对话框中选择"通用"下拉菜单中"密度"选项,在"质量密度"后输入"2400"。点击力学特性弹性板块的弹性模型,在数据表中设置杨氏模量为 2.95×10^{10},泊松比为 0.2。点击"力学"→"塑性"→"混凝土损伤塑性模型",数据表中点击"塑性",填入相关数据。点击"受压行为",添加相关数据。点击"拉伸行为",添加相关数据。点击"确定"按钮,退出"编辑材料"对话框,完成混凝土本构模型的建立。

②钢筋本构模型。

点击左侧工具区的 ▨(创建材料),弹出"编辑材料"对话框,在"名称"后输入"shouyajin"。在对话框中选择"通用"下拉菜单中的"密度"选项,在"质量密度"后输入"7800"。点击力学特性弹性板块的弹性模型,在数据表中设置杨氏模量为 1.9×10^{11},泊松比为 0.3;点击塑性板块的塑性模型,在数据表中设置屈服应力为 2.1×10^{8},泊松比为 0,点击"确定"按钮,退出对话框,完成受压筋本构模型的建立。为了便于之后修改,虽然受压筋与受拉筋具有相同的本构模型,但是还是利用同样的方法建立名为"shoulajin"的本构模型。

③垫块本构模型。

点击左侧工具区的 ,弹出"编辑材料"对话框,在"名称"后输入"steel-plate",在对话框中选择"通用"下拉菜单中的"密度"选项,在"质量密度"后输入"7800"。点击力学特性弹性板块的弹性模型,在数据表中设置杨氏模量为 2.1×10^{12},泊松比为 0.3,点击"确定"按钮,退出"编辑材料"对话框,完成垫块本构模型的建立。

(2)创建截面属性。

点击左侧工具区的 ,弹出"创建截面"对话框,将"类别"设为"实体","类型"设为"均质",其余参数保持默认值不变,点击"继续"按钮,弹出"编辑截面"对话框,"材料"项选择"concrete",其余参数保持默认值不变,点击"确定"按钮,Section-1 建立完成。

利用同样的方法建立名为"Section-2"的截面属性,只是"材料"项选择"steel"。

点击左侧工具区的 ,弹出"创建截面"对话框,在"名称"后面输入"shoulajin",将"种类"设为"beam","类型"设为"桁架单元",其余参数保持默认值不变,点击"继续"按钮,弹出"编辑截面"对话框,"材料"选择"shoulajin",在"横截面面积"后填写"2.011e – 04",点击"确定"按钮,完成 shoulajin 截面的建立。

利用同样的方法建立名为"shouyajin"的截面属性,只是"材料"项选择"shouyajin",在"横截面面积"后填入"1.131e – 04"。

(3)赋予截面属性。

在"模型树部件"选项中选择"beam"部件。点击左侧工具区的 ,提示区提示用户选择赋予截面属性的区域,在绘图区左键框选模型,点击鼠标中键,弹出"编辑截面指派"对话框,"截面"选项选择"Section-1",点击"确定"按钮,退出"编辑截面指派"对话框。此时 beam 部件显示为青色,完成对 beam 部件截面属性的赋值。

利用同样方法赋予 plate1 部件、plate2 部件、shouyajin 部件、shoulajin 部件、gujin 部件截面属性,由于部件较多,定义的截面属性也相应较多,用户定义时需仔细检查,具体步骤不再赘述。

6. 定义装配件

在窗口环境栏的模块列表中选择装配功能模块。

点击左侧工具区 ,弹出"创建实例"对话框,选择"beam"部件,选择"实例类型"为"独立(网格在实例上)",点击"确定"按钮,左侧出现 beam 部件的三维视图。

点击左侧工具区 ,弹出"创建实例"对话框,选择"plate1"部件,选择"实例类型"为"独立(网格在实例上)",点击"确定"按钮,左侧出现 plate1 部件的三维视图,如图 12-2 所示。

利用 ,将 plate1 部件移至图 12-3 所示位置,然后点击鼠标中键确认。

单击左侧工具区 ,选中 plate1 部件,点击鼠标中键确认,弹出"线性阵列"

对话框,选择梁长度方向,"个数"后输入"2","偏移"后输入"1.8"。在方向2的"个数"选项后输入"1",单击"确定"按钮,退出"线性阵列"对话框。绘图区如图12-4所示,支座处的垫块组装完成。

利用同样方法对plate2部件进行操作,组装成图12-5所示的模型。

图12-2　plate1部件移动前的位置

图12-3　plate1部件移动后的位置

图12-4　plate1部件阵列后的模型

图12-5　plate2部件阵列后的模型

点击 (创建实例),弹出"创建实例"对话框,选择"gujin"部件,选择"实例类型"为"独立(网格在实例上)",点击"确定"按钮,左侧出现gujin部件的三维视图。

点击 (创建实例),弹出"创建实例"对话框,选择"shouyajin"部件,选择"实例类型"为"独立(网格在实例上)",点击"确定"按钮,左侧出现shouyajin部件的三维视图。

点击 (创建实例),弹出"创建实例"对话框,选择"shoulajin"部件,选择"实例类型"为"独立(网格在实例上)",点击"确定"按钮,左侧出现shoulajin部件的三维视图。

选择主菜单视图下的"装配件显示选项"子菜单,弹出"装配件显示选项"对话框。选择实例,点击"beam"部件、"plate1"部件、"plate2"部件,取消它们前面的勾选设置,点击"确定"按钮,绘图区如图12-6所示。

点击左侧工具区 (旋转实例),提示区信息变为"Select the instances to rotate"(选择旋转的部件),选择"gujin"部件,点击鼠标中键确认。提示区信息变为"Select a start point for

143

the axis of rotation-or enter X,Y,Z"(选择旋转轴的起始点,或输入起始点的坐标),选取旋转轴,单击鼠标中键确认,完成箍筋旋转操作,结果如图 12-7 所示。

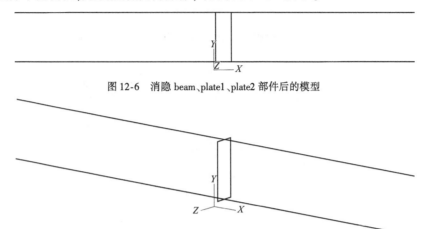

图 12-6 消隐 beam、plate1、plate2 部件后的模型

图 12-7 gujin 部件旋转后的模型

利用(平移实例),将 gujin 部件移至图 12-8 所示位置,点击鼠标中键确认。

利用(线性阵列),建立图 12-9 所示的钢筋骨架,具体操作不一一叙述。

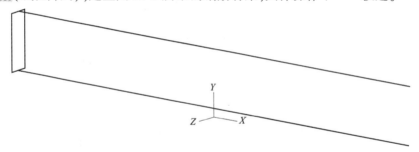

图 12-8 gujin 部件移动后的位置

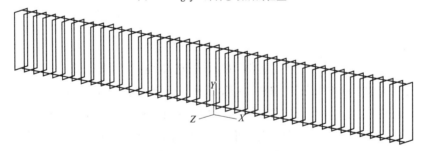

图 12-9 钢筋骨架模型

为了方便操作,利用(合并实例),将图 12-9 所示钢筋骨架组合成一个名为"Part-2"的新部件。此时将 beam 部件、plate1 部件、plate2 部件显示。

利用(平移实例),将 Part-2 部件沿 Z 轴移动 0.035,使其处在 beam 部件的中央位置,如图 12-10 所示。

为了方便定义垫块和混凝土的约束,利用(分割单元)在 beam 模型中建立图 12-11 所示的特征面。

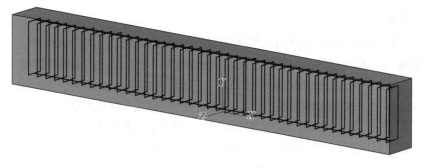

图 12-10　Part-2 部件移动后的位置

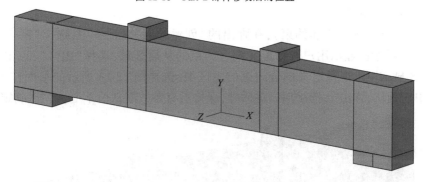

图 12-11　分割后的模型

7. 设置分析步

在环境栏的模块列表中选择分析步功能模块。

点击左侧工具区 ↔■（创建分析步），弹出"创建分析步"对话框。"程序类型"项选择"通用"，下拉菜单中选择"静力，通用"。点击"继续"按钮，弹出"编辑分析步"对话框，将"时间长度"改为"500"，点击"增量"标签页，填入图 12-12 所示的数据，点击"确定"按钮，退出"编辑分析步"对话框，完成分析步定义。

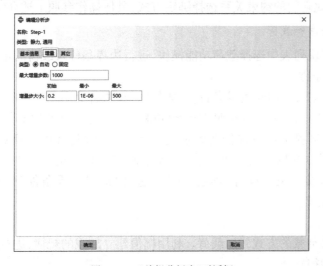

图 12-12　"编辑分析步"对话框

8.定义约束

在环境栏的模块列表中选择相互作用功能模块设置模型之间的约束关系。

单击左侧工具区的 (创建约束),弹出"创建约束"对话框,在"名称"后输入"gangjin", "类型"选择"内置区域"。提示区显示选择嵌入区域,选中 Part-2 部件,点击鼠标中键确认,提示区显示选择主区域的选择方法,选择"整个"按钮,弹出"编辑约束"对话框,保持各参数的默认值不变,点击"确定"按钮,退出"编辑约束"对话框,完成钢筋骨架与混凝土的约束定义。

单击左侧工具区 (创建参考点),此时窗口底部提示区信息显示为"选择一点作为参考点—或输入 X,Y,Z",输入(-0.35,0.4,0.075)建立第一个参考点,输入(0.35,0.4,0.075)建立第二个参考点。

点击左侧工具区 (创建约束),在弹出的"创建约束"对话框中,选择"耦合的",点击"继续"按钮。提示区显示用户选择定义耦合约束的从属区域,选择"RP-1",点击鼠标中键确认,提示区显示用户选择定义耦合约束的主区域,选择图 12-13 所示的平面作为约束面,点击鼠标中键确认,弹出"编辑约束"对话框,保持所有参数默认值不变,点击"确定"按钮。

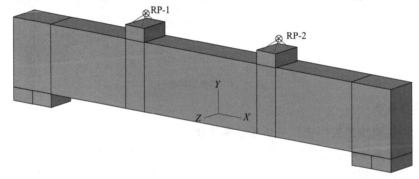

图 12-13 参考点的位置图

垫片和混凝土梁之间也需要定义约束关系,为方便计算,本例假设它们在分析过程中紧紧地粘在一起,因此它们的约束关系选择绑定方式,具体操作参照上述介绍。

9.定义边界条件和载荷

在环境栏的模块列表中选择载荷功能模块,进行边界条件及载荷的定义。

(1)定义边界条件。

点击左侧工具区 (创建边界条件),弹出"创建边界条件"对话框,将"分析步"设为"Initial","可用于所选分析步的类型"选择"位移/转角",其余各项参数保持默认值,点击"继续"按钮,提示区提示用户选择要添加边界条件的区域,选中模型梁左右梁端下钢垫块的中线,点击鼠标中键确认,弹出"编辑边界条件"对话框,选中"U1""U2""UR3",即添加的边界条件为铰接约束。点击"确定"按钮,退出"编辑边界条件"对话框,完成对混凝土梁边界条件的定义。

(2)定义载荷。

本例采用位移加载的方式施加载荷。利用幅值建立加载的规律,进行加载。

①建立加载规律。

选择主菜单"工具"→"幅值"→"创建",弹出"创建幅值"对话框,保持所有参数默认值不变,点击"继续"按钮,弹出"编辑幅值"对话框,输入图 12-14 所示的数据,点击"确定"按钮,退出"编辑幅值"对话框,完成加载规律的定义。

②施加载荷。

点击左侧工具区的 ,弹出"创建边界条件"对话框,将"分析步"设为"Step-1","可用于所选分析步的类型"选择"位移/转角",其余参数保持默认值不变,点击"继续"按钮,提示区提示用户选择要添加约束的区域,选中"RP-1",点击鼠标中键确认,弹出"编辑边界条件"对话框,输入图 12-15 所示的数据。

利用同样的方法对 RP-2 施加相同的载荷。

 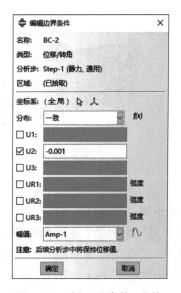

图 12-14 "编辑幅值"对话框　　　图 12-15 "编辑边界条件"对话框

10. 划分网格

在环境栏的模块列表中选择网格功能模块进行网格划分。

(1) 布置全局种子。

点击左侧工具区中的 ,弹出"全局种子"对话框,在"近似全局尺寸"后面输入"0.05",其余参数保持默认值不变,点击"应用"按钮,绘图区的模型已经按要求布满种子,点击"确定"按钮,退出"全局种子"对话框,完成网格种子布置。

(2) 划分网格。

点击左侧工具区中的 按钮,提示区提示用户是否给部件划分网格,选择"是",点击"完成"按钮,模型按照网格种子自动划分网格。

(3) 指派单元类型。

由于杆单元默认为 beam 单元,所以需要修改 Part-2 部件单元类型。点击左侧工具区中的 ,选中"Part-2"部件,点击鼠标中键确认,弹出"单元类型"对话框,在"簇"选项中选择"桁架单元",点击"确定"按钮,退出"单元类型"对话框,完成单元类型的修改。

11. 提交分析作业

在环境栏的模块列表中选择作业功能模块进行作业提交。

(1)创建分析作业。

点击左侧工具区中的 ,弹出"创建作业"对话框,保持所有参数默认值不变,点击"继续"按钮,弹出"编辑作业"对话框,保持所有参数默认值不变,点击"确定"按钮。

(2)提交分析。

选择主菜单"作业"→"管理器",弹出"作业管理器"对话框,点击"提交"按钮,可以看到对话框中的状态提示依次变为已提交、运行中和已完成,点击对话框中的结果,自动进入结果模块。

12. 可视化模块

进入可视化模块后,绘图区显示变形前的模型,如图12-16所示。

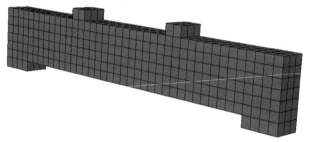

图 12-16　变形前的模型

(1)显示变形图。

点击左侧工具区中的 ,绘图区会显示出变形后的模型,如图12-17所示。选择主菜单"工具"的"显示组"中的"创建"选项,在"创建"选项中选中部件实例,"选择项目"选择钢筋所在的 Part-2 部件,按回车键确定,弹出"选择集另存为"对话框,在"名称"后填入"gangjin",点击"确定"按钮,退出"选择集另存为"对话框,点击"取消"按钮;选择主菜单"工具"中"显示组"的管理器中的"gangjin",点击绘制,绘图区出现了钢筋骨架的变形图,如图12-18所示。

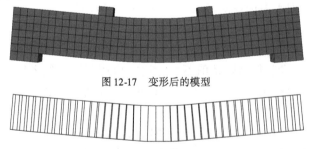

图 12-17　变形后的模型

图 12-18　钢筋骨架变形图

利用同样的方法对 beam 部件建立名为"hunningtu"的显示组。显示混凝土梁中混凝土部分的变形图,如图12-19所示。

图 12-19　混凝土梁变形图

（2）显示云图。

点击左侧工具区中，绘图区会显示出变形后模型的云图，如图 12-20 所示。

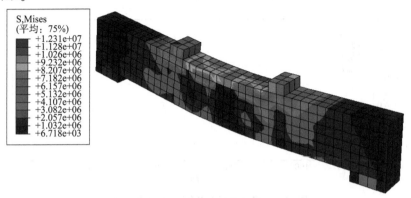

图 12-20　变形后模型的云图

选择主菜单中的"工具"→"显示组"→"绘图"→"gangjin"，绘图区出现了变形后钢筋骨架的云图，如图 12-21 所示。

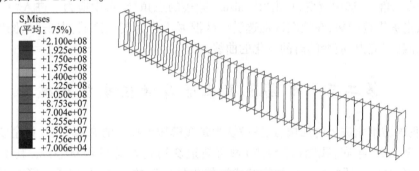

图 12-21　变形后钢筋骨架的云图

选择主菜单中的"工具"→"显示组"→"绘图"→"hunningtu"，绘图区出现了变形后混凝土的云图，如图 12-22 所示。

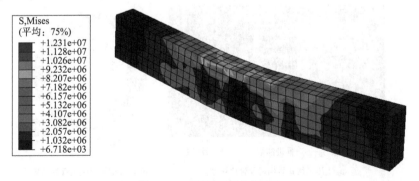

图 12-22　变形后混凝土的云图

（3）显示 X-Y 图。

点击左侧工具区![icon]（创建 XY 数据），弹出"创建 XY 数据"对话框，选择"ODB 场输出变量"选项，点击"继续"按钮，弹出"来自 ODB 场输出的 XY 数据"对话框，点击"S:mises"旁边的三角形,选择"单元/节点"标签页,点击编辑选择集,下拉菜单中提示在绘图区中选择节点,点击鼠标左键选择混凝土跨中受压区中点,点击鼠标中键,点击对话框的"绘图"按钮,绘图区出现此节点应力随时间的变化曲线,如图12-23所示。

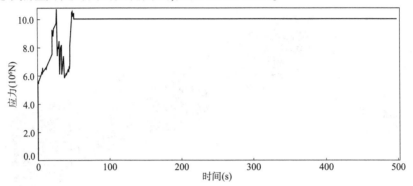

图12-23 跨中混凝土应力与时间的关系曲线

点击左侧工具区中的 (创建XY数据)按钮,弹出"创建XY数据"对话框,选择"ODB场输出变量"选项,点击"继续"按钮,弹出"来自ODB场输出的XY数据"对话框。点击"E:E11"旁边的三角形,选中应变,点击"S:mises"旁边的三角形,选中应力。进入"单元/节点"标签页,点击编辑选择集,在绘图区框选受压区混凝土作为测试区域,点击"绘图"按钮。绘图区显示加载点应力、应变随时间变化的曲线。

第二节 钢筋混凝土管片数值模型构建

随着我国城市化进程的加快,地铁被认为是缓解城市拥堵的有效方案,其建设规模正逐年增大,截至2021年底,我国(除台湾)城市轨道交通运营总里程9018km,其中地铁里程7305km,占比81%。盾构法是地铁隧道建设使用最广泛的工法,装配式钢筋混凝土管片是盾构隧道中普遍应用的衬砌方式,盾构机具有工厂化预制,优质,拼装、维护便捷等特点,如图12-24所示。

a) 土压平衡式盾构机及管片衬砌 b) 常规钢筋混凝土管片结构

图12-24 地铁盾构施工及管片衬砌

由于混凝土管片体积巨大,研究其承载变形特性的大型试验平台非常罕见,而且试验成本十分昂贵、试验周期十分漫长。因此,采用数值仿真手段构建精细化混凝土管片数值模型,分析其受载过程中的应力、变形乃至破裂行为,评估钢筋混凝土管片的强度、刚度、接头可靠性、安装方式合理性,进而对钢筋混凝土管片的设计和安装进行指导与优化,具有重要的理论意义与应用价值,并可显著降低研究成本。

1. 问题分析

利用 ABAQUS 有限元软件分析一个盾构混凝土管片受力特性,所研究的管片环外直径为 6000mm、环内直径为 5400mm,管片幅宽为 1500mm,管片厚度为 300mm;管环采用"1 个封顶块 +2 个邻接块 +3 个标准块"分块形式,封顶块、邻接块和标准块中心线圆心角分别为 15°、64.5°和 72°,相邻管片之间的分块用 M24 直螺栓连接,一环管片环间由 12 个螺栓连接起来。

2. 材料特性

(1) 混凝土材料:C50。

(2) 螺栓材料:弹性模量为 $E = 2.06 \times 10^{11}$ MPa,泊松比 $\mu = 0.3$,屈服强度为 3.8×10^{8} MPa。

3. 创建部件

建立模型时,采用三维建模软件 SOLIDWORKS 建立混凝土管片部件与手孔螺栓部件。然后将建出的三维模型保存为 STEP(* . stp * , * . step *)格式文件,打开 ABAQUS,点击"文件"→"导入",导入部件,选择之前保存的 STEP 格式文件,依据需要选择合适的比例,点击"确定"按钮,导入模型。

4. 创建材料和截面属性

在窗口环境栏的模块列表中选择属性功能模块,进入属性模块,在此模块中选定义混凝土和螺栓材料的本构模型和截面特性,并将截面特性赋予相应的部件。

(1) 创建材料。

①混凝土材料。

混凝土材料采用 C50,材料属性参数见前一节的混凝土材料参数。

②螺栓材料。

点击左侧工具区的 ✎(创建材料),弹出"编辑材料"对话框,在"名称"后输入"luoshuan"。在对话框中选择"通用"下拉菜单中的"密度"选项,在"质量密度"后输入"7800"。点击力学特性弹性板块的弹性模型,在数据表中设置杨氏模量为 2.06×10^{11},泊松比为 0.3;点击塑性板块的塑性模型,在数据表中设置屈服应力为 3.8×10^{8},泊松比为 0,点击"确定"按钮,退出对话框,完成螺栓本构模型的建立。

(2) 创建截面属性。

点击左侧工具区的 ▮(创建截面),弹出"创建截面"对话框,将"类别"设为"实体","类型"设为"均质",其余参数保持默认值不变,点击"继续"按钮,弹出"编辑截面"对话框,"材料"项选择"concrete",其余参数保持默认值不变,点击"确定"按钮,Section-1 建立完成。

利用同样的方法建立名为"Section-2"的截面属性,只是"材料"项选择"luoshuan"。

(3) 赋予截面属性。

在"模型树部件"选项中选择"guanpian"部件。点击左侧工具区的 ▮L(指派截面),提示区提示用户选择赋予截面属性的区域,在绘图区点击鼠标左键框选模型,点击鼠标中键,弹出"编辑截面指派"对话框,"截面"选项中选择"Section-1",点击"确定"按钮,退出"编辑截面指派"对话框。此时 guanpian 部件显示为青色,完成对 guanpian 部件截面属性的赋值。

利用同样的方法对螺栓部件赋予截面属性。

5. 定义装配件

在窗口环境栏的模块列表中选择装配功能模块。

点击左侧工具区 ,弹出"创建实例"对话框,选择"guanpian"部件,选择"实例类型"为"独立(网格在实例上)",点击"确定"按钮,左侧出现 guanpian 部件的三维视图。

点击左侧工具区 ,弹出"创建实例"对话框,选择"luoshuan"部件,选择"实例类型"为"独立(网格在实例上)",点击"确定"按钮,左侧出现 luoshuan 部件的三维视图。

组成图 12-25 所示的混凝土管片模型。

为了方便定义管片的约束,利用 工具在管片模型中建立图 12-26 所示的特征面,利用 工具在螺栓模型中建立图 12-27 所示的特征面。

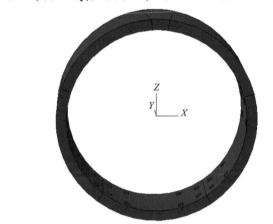

图 12-25　混凝土管片模型图

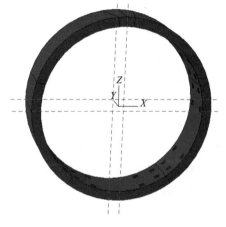

图 12-26　管片分区切割模型图

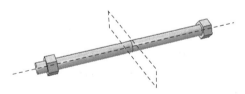

图 12-27　螺栓分区切割模型图

6. 设置分析步

在环境栏的模块列表中选择分析步功能模块。

点击左侧工具区 ,弹出"创建分析步"对话框。"程序类型"项选择"通用",下拉菜单中选择"静力,通用"。点击"继续"按钮,弹出"编辑分析步"对话框,将"时间长度"改为"1",点击"增量"标签页,填入图 12-28a)所示的数据,点击"确定"按钮,退出"编辑分析步"对话框,完成分析步定义。

使用相同的方法,继续添加第二个分析步,将"时间长度"改为"10",填入图 12-28b)所示的数据。

7. 定义约束

在环境栏的模块列表中选择相互作用功能模块定义模型之间的约束关系。

(1)建立相互作用属性。

点击左侧工具区的 ,弹出"创建相互作用属性"对话框,将"类型"设为"接触",点击"继续"按钮,弹出"编辑接触属性"对话框,接触属性选项选择力学中的切向行为与法向行为,切向行为中的摩擦公式选择罚函数,摩擦系数设为 0.5,法向行为中的压力过盈选择"硬"接触,其他参数保持默认值不变,点击"确定"按钮,完成相互作用属性 IntProp-1 的设置。

a) 第1个分析步

b) 第2个分析步

图 12-28 "编辑分析步"对话框

使用相同的方法,完成相互作用属性 IntProp-2 的设置,只是将切向行为的罚函数的摩擦系数设置为 0.15。

(2) 创建相互作用。

单击左侧工具区的 (创建相互作用),弹出"创建相互作用"对话框,保持默认命名,"类型"选择"表面与表面接触",点击"继续"按钮,提示区显示"Select the main surface"(选择主表面),选中螺栓部件的螺杆面,点击鼠标中键确认,提示区出现"Choose the secondary type"(选择第二个面的类型),选择表面,提示区出现"Select regions for the secondary surface",选择与该螺栓螺杆面相接触的手孔表面,点击鼠标中键确认,弹出"编辑相互作用"对话框,如图 12-29 所示,点击"确定"按钮,完成相互作用的创建。其余的螺杆面与手孔面的相互作用一致。

使用相同的方法,完成管片与管片之间的相互作用设置,将"接触作用属性"设置为"IntProp-2"。

(3) 创建约束。

使用左侧工具区的 (创建约束),将螺栓端面与手控接触表面的约束关系选择为绑定方式,上一节已经叙述过,故在此不再赘述,设置好的绑定如图 12-30 所示。

8. 定义边界条件和载荷

在环境栏的模块列表中选择载荷功能模块,进行边界条件及载荷的定义。

(1) 定义边界条件。

点击左侧工具区的 (创建边界条件),弹出"创建边界条件"对话框,将"分析步"设为"Initial","可用于所选分析步的类型"选择"对称/反对称/完全固定",其余各项参数保持默认值,点击"继续"按钮,提示区提示用户选择要添加边界条件的区域,选中模型管片顶部与底部的虚拟线,点击鼠标中键确认,弹出"编辑边界条件"对话框,将边界条件设置为

"XSYMM(U1 = UR2 = UR3 = 0)",点击"确定"按钮,退出"编辑边界条件"对话框。使用同样的方法在管片左右两端施加边界条件,将边界条件设置为"ZSYMM(U3 = UR1 = UR2 = 0)"。使用同样的方法在管片前后两端施加边界条件,将边界条件设置为"YSYMM(U2 = UR1 = UR3 = 0)",如图 12-31 所示。完成对混凝土管片边界条件的定义。

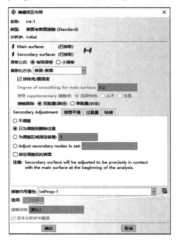

| 图 12-29 螺栓与管片手孔相互作用 | 图 12-30 螺栓与管片手孔约束 |

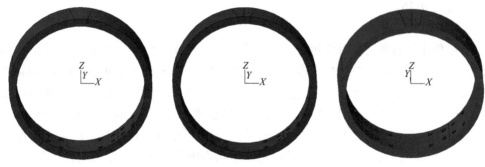

图 12-31 边界条件图

(2)施加载荷。

本例采用位移加载的方式施加载荷,利用幅值建立加载的规律进行加载。

①建立加载规律。

建立与上一节中相同的加载规律,设置方法在此不再赘述。

②施加载荷。

点击左侧工具区的 ![] (创建载荷),弹出"创建载荷"对话框,将"分析步"设为"Step-1","可用于所选分析步的类型"选择"螺栓载荷",点击"继续"按钮,提示区出现"Select Method",选择"Interior Surface",提示区出现"为螺栓载荷选择内部表面",选择螺栓杆的中部面,提示区出现"选择壳的侧或内部面",点击"棕色"按钮,弹出"编辑载荷"对话框,方法选择施加力,大小为"100",其他参数保持默认设置,点击"确定"按钮,完成螺栓载荷加载。

点击左侧工具区的 ![] (创建载荷),弹出"创建载荷"对话框,将"分析步"设为"Step-2","可用于所选分析步的类型"选择"表面载荷",点击"继续"按钮,提示区出现"选择要施加载荷的表面",这时选择管片外侧的上表面,弹出"编辑载荷"对话框,填入图 12-32a)所示的数据,点击"确定"按钮,完成载荷施加。使用相同方法创建管片外侧的下表面、左侧表面和右侧表面载荷,具体参数如图 12-32b)~d)所示,完成载荷加载。

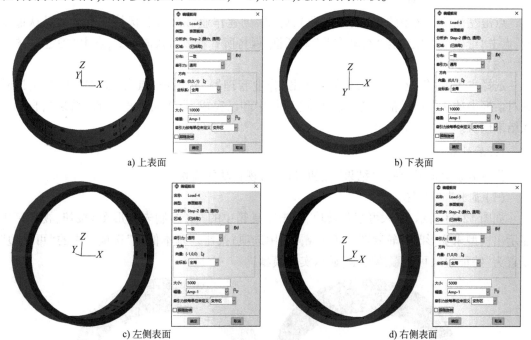

a) 上表面　　　　　　　　　　　　　　　b) 下表面

c) 左侧表面　　　　　　　　　　　　　　d) 右侧表面

图 12-32　管片载荷加载设置

9. 划分网格

在环境栏的模块列表中选择网格功能模块进行网格划分。

(1) 指派网格控制属性。

点击左侧工具区中的 ▇(指派网格控制属性),提示区出现"选择实体来指定网格控制",选择管片与螺栓,点击"完成"按钮,弹出"网格控制属性"对话框,"单元形状"选择"四面体",点击"确定"按钮,完成指派网格控制属性。

(2) 布置全局种子。

点击左侧工具区中的 ▇(部件实例布种),弹出"全局种子"对话框,在"近似全局尺寸"后面输入"0.05",其余参数保持默认值不变,点击"应用"按钮,绘图区的模型已经按要求布满种子,点击"确定"按钮,退出"全局种子"对话框,完成网格种子布置。

(3) 划分网格。

点击左侧工具区中的 ▇(为部件划分网格),提示区提示用户是否给部件划分网格,选择"是",点击"完成"按钮,模型按照网格种子自动划分网格。

(4) 指派单元类型。

点击左侧工具区中的 ▇(指派单元类型),选中管片和螺栓部件,点击鼠标中键确认,弹出"单元类型"对话框,在"簇"选项中选择"三维应力单元","几何阶次"选择"线性",选择四面体 C3D4 单元,点击"确定"按钮,退出"单元类型"对话框,完成单元类型的修改。

10. 提交分析作业

在环境栏的模块列表中选择作业功能模块进行作业提交。

(1) 创建分析作业。

点击左侧工具区中的 ,弹出"创建作业"对话框,保持所有参数默认值不变,点击"继续"按钮,弹出"编辑作业"对话框,保持所有参数默认值不变,点击"确定"按钮。

(2) 提交分析。

选择主菜单"作业"→"管理器",弹出"作业管理器"对话框,点击"提交"按钮,可以看到对话框中的状态提示依次变为已提交、运行中和已完成,点击对话框中的"结果",自动进入结果模块。

11. 后处理

作业分析完成后,单击"结果"按钮,进入可视化功能模块。

(1) 显示未变形图。

如图 12-33 所示,进入可视化模块,单击工具箱中的 按钮,视图区中显示出模型未变形时的轮廓图。单击 按钮,"基本信息"选项栏中的"可见边"设置为"特征边",可隐藏掉网格,显示实体模型。

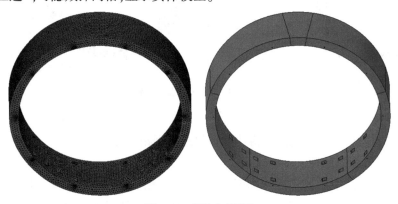

图 12-33　管片未变形图

(2) 显示变形图。

单击 按钮,显示出变形后的实体模型,如图 12-34 所示。

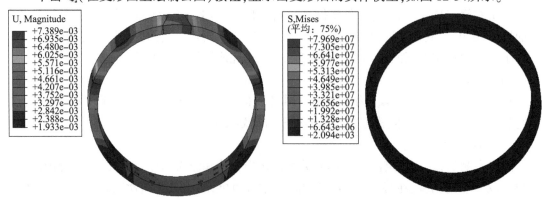

图 12-34　管片变形图

发现各组模型的最大变形主要位于封顶块及其与邻接块接头、邻接块与标准块接头等位置，管片整体呈"倒鹅蛋"形状。随着加载的持续，管片接缝位置呈现局部张开状，封顶块与邻接块的接缝呈现内侧张开状，表明此处为内侧受拉、外侧受压的受力状态；邻接块与标准块的接缝呈现外侧张开状，表明此处为外侧受拉、内侧受压的受力状态。

思考题

1. 请对比分析超筋梁和少筋梁的受载破坏过程。
2. 如何将钢筋混凝土管片与土体耦合受载仿真？

参 考 文 献

[1] 刘瑞叶,任洪林,李志民.计算机仿真技术基础[M].2版.北京:电子工业出版社,2011.

[2] 康敬东,刘洪海.公路机械化施工与管理[M].2版.北京:人民交通出版社股份有限公司,2023.

[3] 王安麟.工程机械手册:路面与压实机械[M].北京:清华大学出版社,2018.

[4] 全国土方机械标准化技术委员会.振动压路机:GB/T 8511—2018[S].北京:中国标准出版社,2018.

[5] 李自光,展朝勇.公路施工机械[M].3版.北京:人民交通出版社股份有限公司,2018.

[6] 胡永彪,杨士敏,马鹏宇.工程机械导论[M].北京:机械工业出版社,2013.

[7] 汪学斌.沥青混凝土路面铣削转子动力学研究[D].西安:长安大学,2017.

[8] 徐中新.宽幅沥青路面摊铺均匀性与大厚度路面基层压实特性研究[D].西安:长安大学,2018.

[9] 王慧强.基于离散元法的振动压实过程仿真及其试验研究[D].西安:长安大学,2018.

[10] 彭波,李文瑛,危拥军.沥青混合料材料组成与特性[M].北京:人民交通出版社,2007.

[11] 路宇峰.硬岩TBM"压-冲"耦合破岩致裂机制研究[D].西安:长安大学,2022.

[12] 董武.双叶片搅拌机参数优化及其工业化试验[D].西安:长安大学,2005.

[13] 耿麒,张俊杰,汪珂,等.基于FEM-SPH耦合的TBM滚刀切削仿真与试验研究[J].山东大学学报(工学版),2022,52(1):93-102.

[14] JIANG H X,MENG D G.3D numerical modelling of rock fracture with a hybrid finite and cohesive element method[J].Engineering fracture mechanics,2018(199):280-293.